U0029574

給孩子的商業啟蒙

劉潤的第一本親子理財書，讓孩子參透商業世界的本質，
徹底了解「底層邏輯」！

劉潤、劉小米 — 著

各界推薦

★ 一本會想和老婆孩子一起閱讀及實踐的好書。

—— **Mr.Market 市場先生**｜財經作家

★ 小孩如同白紙，所見所聞都是學習，作者將商場智慧透過輕鬆對話，啟動孩子的邏輯思維。

—— **于為暢**｜自媒體實驗者、《暢玩一人公司》作者

★ 擁有財商思維的孩子，未來能有更高格局看世界。

—— **朱楚文**｜科技財經主播主持人

★ 他是一個可以用一分鐘來說明一個艱難的商學院觀念的商場實戰專家。

—— **吳淡如**｜暢銷作家、知名節目主持人

★ 親子間的對話，是啟發孩子思辨能力的重要鍛鍊。什麼話題都可以談，不以大人為中心，尊重孩子對世界有其獨特的看法，瞭解大人也有向孩子學習的時候。這本書很妙，妙在把思考的過程搬上檯面，重點不是結論，而是建立假設並且修正的動態歷程。我喜歡這本很妙的書，讀來歡喜，向讀者推薦！

—— 洪仲清｜臨床心理師

★ 這本書透過一連串的對話，培養孩子的思考力，「What、Why、How」？

—— 馬哈老師｜親子理財專家

★ 投資理財要越早越好。

—— 陳重銘｜《打造小小巴菲特 贏在起跑點》作者

★ 讀商業顧問劉潤寫給孩子的書，是非常興奮的。從中可以看到看清底層邏輯的人怎麼教導孩子，用簡單篇幅把一件事情講清楚外，更可以看見花在孩子上的時間、相處的點滴，還有那些「純然好奇」不強迫不說教的引導，家長，別錯過了！

——**林怡辰**｜台灣讀閱推手、彰化縣原斗國中小教師

★ 善用每天與孩子的 5 分鐘對話，從有趣的問題，培養孩子的思考力與財商觀念。

——**雨果**｜《聰明的 ETF 投資法》作者

★ 理解商業就是理解世界，孩子的商業思維教育不能等。

——**游舒帆**｜商業思維學院院長

★ 看完這本書，直呼太過癮啦，真心覺得相見恨晚，如果能早點遇見，那麼在陪伴孩子建立財商觀念這條孤寂的道路上，肯定大大節省自己摸索的時間，功力還能提高好幾個階。巧合的是，我家這些年跟作者相同，一直以來都是透過對話的方式，幫孩子建構價值觀、財商觀念和底層思維。

此書運用對話的方式，可以從中感受到父子之間的愛與溫暖，陪伴加上適度的引導，這是非常值得學習的地方，孫太真心推薦給每位爸爸媽媽。

最後用作者的話做個結尾：「孩子，自驅力讓你走得更快，意志力讓你走得更遠。父母是土壤，你是在土壤上開出的花。」祝福每位孩子在父母親的陪伴下，開出屬於自己生命中獨一無二的花朵。

—— **孫太**｜《存股輕鬆學》系列書作者

★ 劉潤老師最讓學員敬佩與學習的不僅是專業知識，更叫人折服的是他一生對價值實踐的體現，現在還能用簡單易懂的話語，讓孩子打從心底願意改變生活及學習上的壞習慣，看到這本書我簡直如獲至寶。

如何把平日教養衝突用商業思維來貫穿呢？劉潤老師面對他的兒子小米，逮住機會不是指責叨念，而是把壞習慣革除歷程與父子對談寫作成書，成為親子之間最珍貴的人生大禮。幸運的我們，現在就來跟著《給孩子的商業啟蒙》，參透商業世界的邏輯，翻轉親子教養、學校教育的傳統方式吧！

—— 溫美玉｜溫老師備課趴創始人

★ 理財與生命教育是一體的兩面，都需要從小開始引導，這本新書做了最好的示範！

—— 蔡淇華｜惠文高中圖書館主任、作家

★ 內容生動活潑且言簡意賅，讓我迫不及待想與孩子們分享書中實用的財商思維。

——陳喬泓｜「陳喬泓投資法則」版主

★《底層邏輯》是今年大人界裡很夯的一本書，面對千變萬化的世界，事物間的共同點，就是「底層邏輯」。孩子的未來遙不可測，身為爸媽可以教孩子什麼，來看清這個世界的底牌？

這本《給孩子的商業啟蒙》，就是帶孩子認識商業思維的「底層邏輯」，打開孩子思維廣度，建立起富足一生的財富理念。

——黃子欣｜孩子的理財力教練

★ 2018 年，我也與長子合寫過一本書，我們相差 29 歲，透由對談與書寫，都會是父子間，一生最真摯的交流與最美好的回憶。

—— **謝文憲**｜企業講師、作家、主持人

★ 父母給孩子最好的投資，就是打開他們的商業視野！

—— **歐陽立中**｜人氣 **Podcast**「**Life** 不下課」主持人

（以上推薦人依姓氏筆畫排序）

前言

我經常出差，每年要坐飛機飛來飛去很多次。但只要在家裡，我都會堅持做一件事：每天早上送我的兒子小米上學。

小米的學校離我家不遠，走路過去大約 5 分鐘。每次走在這段路上，我都會利用這 5 分鐘時間，跟他聊一個話題。

不管前一天睡得多晚，第二天我都會堅持送他上學，因為這是非常重要的親子時間，我可以跟小米溝通一些觀點，傳授一些方法。我稱之為「5 分鐘育兒學堂」。

它基於這樣一個理念：即使跟小孩子，也是有道理可講的。正因為孩子小，才更要教他本質性思考的能力，教他底層邏輯，教他基本的原則，通俗易懂、明明白白地把這些道理告訴他。這些道理，會成為他成長過程中認知模型的框架。

目錄 Contents

第 2 章

邏輯——探索世界運行的真相

第 3 章

思維——誰制定規則，誰把門看守

第 4 章

協作——沒有人是一座孤島

第1章

本質

走出思維的窄門

01 如何準時到校
── 沒有執行的規劃都是空想

小米的學校要求學生 8 點 15 分到校，我對小米的要求則是 8 點到校，所以我們平時 7 點整起床，7 點 50 分出門，加上走路的時間，差不多 10 分鐘。

有一天早上，我們出門的時間是 8 點 01 分，比平時晚了 11 分鐘。於是，在上學的路上，我決定跟小米聊一下目標、規劃和執行。

我首先問了小米一個問題：你覺得我們每天 7 點 50 分出門，是一個規劃嗎？

他說：是規劃。

我說：其實它不是規劃。你再想想，它還可能是什麼？

他說：那就是目標。

我說：對，早上 7 點 50 分出門是一個目標。你想要得到一個結果，但是結果不會因為你想得到就自然發生，所以，它是一個目標。為了準時出門，你把每天早上要做的事情一一列出來，排好做它們的順序，這叫作規劃。

然後我們就一起為早上要做的事情排順序：穿衣服大概 5 分鐘，摘眼鏡（小米夜裡睡覺戴了「OK 鏡（Ortho-K，又稱角膜塑型鏡）」）大概 5 分鐘，上廁所 5 分鐘，洗臉刷牙 5 分鐘。早上起床四件事，總共要花 20 分鐘。吃飯大概需要 15 分鐘，收拾書包，整理好所有的東西——紅領巾、水杯、智慧手錶等，大概 5 分鐘。

小米要求再加一個 buffer，也就是冗餘或緩衝，10 分鐘。

我說：非常好，你懂得在規劃裡加一個 buffer，因為總會有一些意外狀況發生。這些時間加在一起，一共是 50 分鐘。我們為了 7 點 50 分出門，7 點起床，這個規劃看起來沒有問題。那麼，為什麼今天早上 7 點起床，出門卻晚了 11 分鐘呢？晚的 11 分鐘花在哪些地方了？

於是，我們又開始分析：早上起床的時候賴床，多花了 5 分鐘，吃飯花了 25 分鐘，抵消了 buffer 時間，上廁所多花了 6 分鐘，所以總共多花了 11 分鐘。

我問小米：你覺得這些是執行的問題，還是規劃的問題？

他說：起床是執行的問題，我以後不能賴床；吃飯可能是規劃的問題，15 分鐘不能把飯吃完，所以要改成 20 分鐘。

我說：看來規劃和執行都有需要改進的地方，起床需要提高執行力，在規劃的時間內起床；而吃飯是時間規劃不合理，只能調整規劃，以後吃飯時間改為 20 分鐘。這樣一共就是 55 分鐘，因此需要把起床時間調整為 6 點 55 分。

最後，我總結說：所有的規劃，沒有執行，都是空想；

而無論如何執行，都無法達成目標，說明規劃出了問題。在目標不變的情況下，需要找出出現問題的原因，弄明白到底是規劃還是執行出了差錯，並且不斷地進行調整，最終達成目標。

分享一個你最近最想實現的目標吧，你打算怎麼去實現？

我現在最想實現的目標，就是每天晚上 8 點半之後可以去休息、看電視或者玩遊戲。但是最近我的作業有點多，然後媽媽規定晚上 9 點必須去睡覺，我又不敢違抗，所以想實現這個目標，就要把其他環節時間往前推。像是我下午 5 點回到家，扣掉吃飯時間，一共有兩個半小時可以寫作業，時間絕對夠用，應該可以再壓縮一些。

那你覺得自己做到了嗎？

我感覺到自己比以前好了一些，現在每天一個大項目的時間都能排開了。相對以前來說，我現在很少在作業時間去做別的事情，能把時間利用得更好，效率變高了。例如，我一開始做 PPT（簡報），就算是集中注意力做也需要一個小時，現在我知道找資料的方法，大概半個小時就能完成。

02 遲到一次又怎樣
—— 復盤，提高效率

我和小米制訂了每天 8 點準時到學校的目標，以及 6 點 55 分起床、7 點 50 分出門的規劃。第二天早上，我又送他上學，出門時間是 7 點 48 分。

我對小米說：今天做得很好，本來我們預計 7 點 50 分出門，想不到提前了 2 分鐘，恭喜你！我們一起來做個復盤吧。

小米在學圍棋，已經是業餘一段了。我對他說：復盤這個概念，其實就來自圍棋。一盤棋下完以後，再回頭看剛才的每一步棋，哪些還可以有更好的下法，這就叫復盤。

復盤是提升自己非常重要的一個步驟。如果缺少復盤，我們學到的東西就會少很多。下面我們就來復盤看看，今天出門提前的 2 分鐘，究竟是在哪裡提前的。

昨天，我們經過計算，調整了規劃，今天你就在行動上做出改變：早上鬧鐘一響就起床，最後提前 2 分鐘出門。

只看結果還不夠，還要分析規劃和執行情況，看看各個環節哪個可以做得更好，哪個需要保持，哪個可以換一種方式，以及哪個不再需要，這就是「復盤」。

時間提前最多的是哪個環節呢？吃飯。昨天我們把吃飯時間調整為 20 分鐘，今天早上只用了 10 分鐘，吃飯時間大大減少。為什麼呢？因為今天早上吃的東西比較方便，節省了時間。

哦，原來這是一個例外情況。吃飯時間的節省，原因並不是能力的提升，而是食物的變化。它在執行層面是一個例外，是一個「獎賞」。所以我們不需要調整規劃，吃飯時間還是 20 分鐘。

既然今天花在吃飯上的時間減少了 10 分鐘，那麼理論上我們應該在 7 點 40 分就能出門，為什麼 7 點 48 分才出門呢？一定是什麼地方多花了 8 分鐘。

我對小米說：你看，這就是復盤的好處。我們不能籠統地說結果是好的，所以今天做得不錯，得分開來看，有哪些方面做得比原來好，還有哪些方面做得不如從前。加總的結果好像是略好一些，但分項來看，是有好有壞的。這樣我們才能得出結論：哪些方面繼續保持，哪些方面換一種方式，以及哪些方面不要做。那什麼地方多花了 8 分鐘呢？

他說：是在吃飯之前。因為早飯還沒有準備好，所以多等了 8 分鐘，就這樣把時間花掉了。

因此我們又發現一個規劃上非常重要的問題——等待的 8 分鐘是無所事事地休息，還是安排別的事情。譬如說，我們可以把收拾書包、上廁所等事情提前。如果這些事情能夠提前做完，最後出門的時間就可以提早到 7 點 48 分。

我們得出結論：第一，吃飯的時間不需要調整；第二，從規劃上來說，在早飯沒有準備好的情況下，可以把收拾書包等事情提前，統籌使用時間，整體效率會更高。

這就是復盤。復盤之後，可以有效地改進工作，提高效率。

三年前我們討論過復盤這個話題以後，你有持續去做嗎？

說實話，我其實並沒有持續這樣做，哈哈，因為我忘記了……但是我們復盤過那一次之後，基本上我就沒有再遲到過。不過我現在有復盤，把學完的東西過兩天再檢查一遍，還挺開心的。

現在你已經六年級了，復盤對你還有幫助嗎？

我覺得復盤對我幫助非常大。前幾天我沒有合理安排作業時間，就像前面說到的，自我控制不是很好，所以我又復盤了一次。結果發現，我把原本不緊急的事情，一直拖成緊急事件才去做。然後現在就列出一張表，優先去把重要又緊急的事情做完，再儘量提早做重要但不緊急的事情，這樣就可以規避風險了，耶！

03

為什麼媽媽的要求那麼高

── 高標準與低標準

做作業時，小米偶爾會和媽媽鬧彆扭，因為媽媽經常會對小米提出要求，比如「這個字寫得不整齊，要擦掉重寫」、「做作業的速度有點慢」、「寫作文的時間太長了」……等等。

每當媽媽提這些要求時，小米就覺得不開心：媽媽是不是故意挑毛病啊，這些要求沒有什麼意義吧？

於是，在送他上學的路上，我專門跟他聊了聊關於標準的問題。

我說：小米，你知道我前段時間去了一趟德國，陪一些企業家朋友參訪了很多德國企業。其中一家是培訓公司，工作人員都是十五、六歲的大哥哥、大姐姐，他們剛剛高中畢業，沒有去讀大學，而是到這家公司參加培訓，完成訓練之後，直接在這裡工作。

我們參觀的時候，發現很多哥哥、姐姐手裡拿著一個鐵塊和一把銼刀，在那裡用銼刀磨鐵塊。他們磨一陣子後，就拿出一個游標尺量一下。什麼是游標尺呢？就是比我們平時用的量尺更精準的尺，量尺可以精準到 1 公釐，而游標尺能夠精準到 0.1 公釐。這個精準度，眼睛已經分辨不出來了，只有用游標尺這樣的專業工具，才能測量出來。

為什麼這些哥哥、姐姐不用眼睛看，或者用量尺量呢？因為這些方法都不夠精準。例如，用量尺一量，是 24 公釐，似乎已經很準了，但是用游標尺一量，是 23.7 公釐，可能還沒有達標。使用游標尺，代表他們被訓練要在一個級別比較高的標準下做事情。

假如我們把用 A4 紙來量叫作「1 級別」，用量尺來量叫作「2 級別」，用游標尺來量叫作「3 級別」，說明這家公司對工作人員的要求是做到 3 級別。

為什麼要做到 3 級別？因為很多工作對精準度要求非常高，只有精準度到達一個高標準，才是好東西。例如我們做一扇門，如果精準度不夠，可能做出來的，不是關不上，就是關上以後一頭寬一頭窄，非常難看；如果精準度達到了，就會嚴絲合縫，非常好看。

不斷地提高標準，其實也是一個自身水準不斷提高的過程。你和媽媽經常鬧彆扭，其實是關於標準的的差異，可能她用 3 級別的標準來要求你，你卻用 2 級別的標準來要求自己，當然會有矛盾。

你要明白，為了達到某個標準，需要用更高的標準要求自己，不停地鍛鍊自我。當你在更高的標準之下都能完成的時候，才能在較低的標準下遊刃有餘。當你明白了提高標準的必要性和重要性，你和媽媽之間就不會有這樣的彆扭了。

你希望爸爸媽媽對你用高標準還是低標準？達不到標準時怎麼應對媽媽發火？

我心裡其實是希望用低標準的，只不過實在是不允許這樣。因為以前一直在用高標準，這也讓我的知識面增廣了許多呢。如果現在再用低標準的話，我以後就沒有可以跟同學們炫耀的地方了。我知道一個小技巧，就是在媽媽發火的時候抱住她，但是我不敢，哈哈，有點怕。不過媽媽很少發火，我其實沒有機會「鍛鍊」。

那你對自己有高標準嗎？

我覺得還是有的啦，譬如說我一直在上程式設計課，沒有停過。老師問我要選哪個班，我也是一直都準備選高級的呀，程式設計課老師對我的評價也很好。

04

先易後難還是先難後易

—— 難易事情一起做

我對小米說，假設有兩個園子，一個園子裡面滿地都是鈔票，你只要一彎腰就能撿到，然後開心地花掉。你十分高興，覺得生活原來如此簡單，就這樣一直生活下去。

可是，日子一天天過去，你發現鈔票越來越少，也越來越難撿了。過去隨便彎腰就能撿到，現在到處找才能找到一張，甚至需要搬開石頭、掘地三尺。找鈔票的難度越來越大，終於有一天，你發現一張鈔票都找不到了。

這個時候，你驚覺前面的時間都花在容易的事情上，到後面，事情就變得越來越難。這就是前面容易後面難的道理所在。

另外一個園子裡種著很多果樹，這些果樹三年後才能結果。於是，你精心地培育果樹，澆水、施肥、除草、剪枝，辛苦了一年，什麼都沒有得到。第二年你繼續辛苦勞作，仍然沒有什麼收穫，只是果樹變得越來越粗壯。

第三年，這些果樹終於結果了。這個時候，你收穫了吃不完的果子，不但自己能吃得飽飽的，還可以把多餘的拿出去換錢和其他很多好東西，像是玩具、零食。

你發現，之後只需要稍微打理一下這些果樹，它們每年都會結出大量果子，你每年都可以用果子換想要的東西。

這就是另一種情況，早期很難的事情，後面往往會變得很容易，而恰恰是因為早期的困難，導致了後期的容易。

然後，我問了小米一個問題：你未來想做開頭容易的事情，還是開頭困難的事情？

小米給了我一個非常好的回答：我覺得兩件事情應該同時做。容易的事情要做，保證今天有收入；同時難的事情也要做，為未來做準備。只有把容易的事情和難的事情結合起來，才能在短期和長期都有穩定的收益。最怕的是只做容易的事情，不做難的事情，未來可能要餓死；只做難的事情，不做容易的事情，可能熬不到收穫的那一天。

之前爸爸跟你溝通過「難易事情一起做」，你有什麼樣的體會？

我的體會是，難易事情放在一起的話，我會先去做「容易」的事情，因為容易的事情比較好做，很有成就感，但問題是我經常做完簡單的事情後，還想繼續做簡單的。

你覺得遊戲和圍棋是先易後難還是先難後易？它們帶給你什麼樣的收穫呢？

嗯……我認為它們都是先易後難。因為一開始我會覺得它們比較簡單，後來就發現越來越難、越來越難，漸漸就沒有精力去做了。所以我就暫時放棄了圍棋，但是遊戲還沒暫停。收穫的話，我覺得圍棋會比遊戲多一點，因為我下贏一盤棋後，成就感比遊戲更大，但是我下圍棋總是會輸。

05

為什麼不能停

—— 不怕慢，就怕站

什麼是「持續前進的重要性」呢？我給小米舉了一個例子。

譬如說我們倆比賽開車，你開車的速度是每小時 80 公里，我開車比你快一點點，每小時 85 公里，也就是說，每小時比你多跑 5 公里。然後我們就開始比賽，注意，比賽是持續進行的。

從出發開始，我就一直在你前面；5 個小時後，我已經領先 25 公里，看不到你的影子了。我特別高興，享受著成為冠軍的感覺。忽然我想喝咖啡，於是就把車停下，來到一家咖啡館，本打算只花 5 分鐘買杯咖啡，但進去之後驀然發現，哎呀，這地方真不錯……結果一不小心，休息了 2 個小時。

而在這 2 個小時中，你已經前進了 160 公里。減掉之前我領先的 25 公里，現在你領先我 135 公里。我每個小時只比你快 5 公里，如果你不停下來的話，這 135 公里，我需要不間斷地開車 27 個小時，才能追上你，中間完全沒有休息的時間。也就是說，正因為停下來休息了 2 個小時，我需要沒日沒夜地開一天多的車，才能追上你……

透過這個故事，我想告訴小米：**堅持是非常重要的，不停下來比衝刺的速度重要得多。**

我還給他舉了個例子。在高架橋上，路況的標識有綠色、黃色和紅色。如果是黃色的標識，就不用特別擔心，黃色說明車子還是可以一直開動的，只要能動，就會一直前進。雖然這時你覺得走得很慢，但畢竟是在前進；一旦停下來，停車的時間乘以車速，落後的距離就會非常大。

所以，寧願慢，不能停。有句諺語叫**「不怕慢，就怕站」**，說的也是同樣的道理。

這篇文章主要講的是堅持，你有過這樣的體會嗎？

有啊，比如說在二年級的時候，我的籃球其實是被人壓著打的，但我總是想要贏，所以就一直在練。我幾乎每個星期都沒有斷過，雖然頻率不是很高，一星期也就一次，但是現在越來越厲害了，我覺得同年級的人打得都沒有我好，耶！

你有沒有過不進則退的危機感？

生活中其實沒有那麼大的體會，因為相對來說我一直都是比較領先的，但是體育方面就很有感覺。原來我認為自己體育是比較好的，換了一個環境後，發現大家體育都非常好，相形之下我就退步了。所以媽媽居然說暑假不補功課了，要給我補體育！

06 先做作業再玩遊戲

—— 延遲滿足

小米很喜歡玩一個叫作“Minecraft”（《我的世界》）的策略遊戲，但我們平時不給他太多時間玩。有天早上，我就藉機講「延遲滿足」的道理給他聽。

我說：我以前讀過一本書叫《少有人走的路》，這本書我非常喜歡，還為它寫了推薦序。書裡有個非常重要的概念，就是「延遲滿足」。

美國史丹佛大學的沃爾特．米歇爾（Walter Mischel）教授，做過一個非常著名的「棉花糖實驗」。測試人員拿了一些棉花糖，分給幾個小朋友，並且告訴他們：每個人先發一顆棉花糖，現在我們要離開 15 分鐘。你可以馬上吃掉棉花糖，也可以等我們回來以後再吃。如果你能等 15 分鐘以後再吃，我們就會再給你一顆，這樣你就能吃到兩顆棉花糖了。然後，測試人員離開了房間，透過監視攝影機觀察這些小朋友的表現。

我問小米：這麼好吃的棉花糖，如果放在你面前，你會不會馬上吃呢？

那些做實驗的小朋友，有些能忍住，有些忍不住就把棉花糖吃了。測試人員把這些小朋友分類記錄下來，跟蹤觀察他們多年後的成就。研究人員發現：最後能堅持不吃棉花糖的小朋友，成年後普遍獲得了比較大的成功；而那些馬上把棉花糖吃掉的小朋友，後來大都過得比較平庸，碌碌無為。

這是為什麼呢？因為能夠堅持不吃的小朋友，擁有一種非常重要的特質，即延遲滿足；他不會立刻滿足當下的欲望，而是能夠為一個更宏大的目標、更久遠的成功，抵抗住當前的誘惑。

我又給小米舉了個例子。例如，明天要考試了，但今晚電視上要播放一部很好看的動畫片，小朋友們都特別喜歡看。

這個時候，有的小朋友就忍不住，今天一定要看動畫片，這樣的小朋友就沒有延遲滿足的能力。他今天看了動畫片，少了複習，第二天的考試就可能會受到影響，還可能影響他之後的學業，甚至是其他的發展機會……

有的小朋友就能忍住，今天專心複習，第二天考完試後再看動畫片。他們的未來，可能就會獲得更高的成就和更大的成功。所以，延遲滿足的能力，對我們往後的發展是非常重要的。

玩遊戲也是一樣。遊戲可以玩，但是，要懂得延遲滿足，把它規劃在一個合理的時間內，在計畫內的時間玩，而不是不論什麼時候想到，馬上就開始玩。

媽媽讓你等一等再玩、等一等再吃的時候，你內心深處的想法是什麼？

我覺得媽媽限制我玩遊戲、幫我延遲滿足，這個其實很對，不然我會把所有的時間都拿去玩，然後忘記要做別的事情。但是大部分時候做別的事情是更重要的，所以我是蠻贊同的呀。只不過媽媽讓我等一等再吃這種事情還沒有發生過，因為她總是想讓我吃胖一些，哈哈。

那你最近有沒有為了實現什麼目標，嘗試去推遲別的事情呢？

有啊。像是最近作業太多了，所以我就要推遲去玩的時間。還有爸爸剛剛開了一局《魂斗羅》的遊戲，我想去玩，但是要錄這個音頻，所以我現在內心非常地崩潰。唉，太難了！不過還是錄這個音頻更重要，因為有稿費可以拿，然後我就只能晚一點再跟爸爸一起玩了。

07

拒絕內卷

—— 同向為競，相向為爭

有天早上經過一個路口，我問小米：你知道「同向為競，相向為爭」是什麼意思嗎？

小米說：不知道。

我解釋道：假如我們都站在這個位置，沿著同一個方向往路口跑，看誰先到，這叫「競」；如果我站在路口，你站在這個位置，我們面對面同時往中間跑，等會合時，看誰跑的路更多，這叫「爭」。

表面上看都是賽跑，但這兩者之間的邏輯有什麼不同呢？「爭」是相向而跑，中間的地盤是有限的，我占得多一點，你就占得少一點，你跑得快，我的地盤就會小，這是把東西歸你或者歸我的邏輯。亦即《5分鐘商學院》裡面提到的「零和博弈」。

「競」是什麼意思呢？我們同向往前跑，你跑得很快，我因此受到激發，想要跑得更快；我跑得遠，你就想跑得更遠。例如原本一分鐘，我只能跑過三個路口，跟你「競」過之後，能跑四個了，而你本來只能跑兩個路口，現在跑了三個。所以，在「競」的環境中，雖然看上去有輸贏，但這個輸贏更多的是心理上的激勵，在充沛的資源條件下，每個人得到的東西都會多很多。

我跟小米說：你可以用班級的事情來理解「競」與「爭」。像大家比賽背單字，看誰背得多，這是「競」還是「爭」？

小米說：競。

我說：為什麼呢？

小米說：因為我們一直在比，雖然有排名，但最後大家會背的單字都增加了。

我說：那學習中都是「同向為競」嗎？

小米說：不是，也有「相向為爭」。譬如班級幹部，像學藝股長，你做了之後，另外一個人就沒得做了。

我說：懂得這個道理後，我們應該多參與「同向為競」的遊戲，少參與「相向為爭」的遊戲。假設你是圖書館管理員，你應該設計什麼樣的活動呢？

小米想了一會兒說：比誰讀的書多。

我說：非常好，因為圖書對班上同學來說是資源充沛，看不完的。雖然最後每個人看的書有多有少，但總量是增加的。那什麼樣的遊戲不應該設計呢？

小米說：看誰第一個搶到好書的遊戲，我拿到了，別人就拿不到，這就沒意思了。

我說：是的。所以，不僅是在學校，未來工作之後，也要多參與「同向為競」的遊戲，少參與「相向為爭」的遊戲。

因為「同向為競」背後，代表的是一種對資源充沛的信仰，不斷努力去獲得的積極心態；而「相向為爭」代表的是一種對資源匱乏的信仰，永遠在零和遊戲之下的博弈心態。

學校老師那些激勵你們的方法，哪些是同向為競，哪些是相向為爭？

拿成績來舉例子，同向為競就是，例如 80 分以上是 A 等，大家都可以去爭 A 或者 A+，沒有數量限制；相向為爭主要是前百分之幾或者第幾名之類的。但是一般相向為爭的東西，更有含金量。對於我來說，我其實喜歡同向為競。雖然在相向為爭這方面，我是有一定優勢的，但是它會讓我有壓迫感，比較不舒服。我更喜歡同向的，大家都進步，就會都開心。

什麼時候需要「競」，什麼時候要去「爭」？

這取決於具體情況：資源有限時要爭，資源充沛時應該去競。只不過我覺得資源總量是可以改變的，也許現在這張「餅」不夠大，但是我們還有鍋和麵，可以把餅攤大、把蛋糕做大。

08 為什麼態度更重要
—— 知識、技能、態度

「知識、技能、態度」是《5 分鐘商學院》中一篇文章的主題，也是我一直想和小米聊的話題。但跟小孩子怎麼聊，他才容易接受呢？

有一天早上，我們就從身邊的事情聊起了。

我問：小米，你在學校裡學的數學、語文、自然這樣的課程，都是什麼呢？

「這些都是邏輯。」小米想了一下後這樣回答。我原本希望聽到的答案是「知識」，不過他腦海中沒有這個選項，所以冒出了「邏輯」。

我一想也對，我們學數學，學的不是 2+5 這件事，而是從 A 到 B 的規律，就像四則運算學的是從左邊到右邊的移動方法，背後其實都是邏輯。

我接著問小米：除了這些，你還會學體育、程式設計、圍棋這樣的課程，這些課程屬於什麼呢？

小米愣了一下，沒想到我把體育也叫課程，一時沒想到用什麼詞來總結。

這些叫「技能」，我幫他總結後又問道：你能說一下什麼叫技能嗎？

「技能就是用來練習的。」他一下子抓住了我想表達的問題之本質。

「對，技能是用來練習的。而數學、語文、自然這些課程涉及的知識，很多是靠記憶的。這兩者有什麼區別呢？像九九乘法表、換算規則、除法等，主要靠大腦來記憶。但像籃球技能，要透過不停練習，靠手腳的動作配合完成；對圍棋來說，只知道規則還不夠，從十級到九級，最終到一級，需要不斷地和別人下棋才能習得。技能的掌握要靠練習得來。除了知識和技能，我們這輩子還要學第三門課。你們學校有沒有一門課叫思想品德？」

「有。」小米說。

「這門課學的是什麼呢？態度。堅持、積極、延遲滿足、謙讓、勤奮，這些東西都是態度，態度是要靠心來學的。」

「心是不會學東西的，心沒有學東西的能力。」小米打斷了我。

「你說得很對，學東西最終都是靠大腦，靠改變潛意識來完成的。不過我們說用心，一般是一種習慣性的代名詞，用來指情感和意識層面的東西。」

這三者又是什麼樣的關係呢？我給小米做了總結：**知識、技能、態度是我們這輩子要不停學習的三件事。**

知識靠記憶，但這個世界上的知識是無窮無盡的，所以，重要的不僅是學習知識，更要學習獲得知識的方法。

學習如何「學習」，這是一種技能，把這種技能學會了，就學會長期獲得知識的能力。態度，是指導你是否願意做事的動力系統，讓你有動力去練習技能，有了技能之後，才能獲取知識。因此，在這三件事中，最重要的是態度。

你怎樣看待成功人士和普通人？你會如何選擇？

相對於普通人，成功人士對社會有更多貢獻。他們會上新聞，廣為人知。我會選擇做一個成功人士，因為我有好勝心，做普通人多無聊呀。功成名就通常意味著這個人發明了新奇的東西或者做了一些貢獻，這是我想要的。

做一個成功人士會失去什麼？

成功人士幾乎沒有祕密，他的所有事情都可能被挖出來，一舉一動受人關注。而且，他們已經體驗過成功的感覺，就很難放下「偶像包袱」，要一直保持成功的狀態，否則就會有強烈的失落感。但是，很多事都是不完美的，既然選擇做成功人士，就要接受失去一些東西。

09 到達終點和選擇賽道誰更重要——莫把手段當目標

我問小米：為了提高學習成績，我們每天晚上都要做功課，這裡面哪個是目標，哪個是手段呢？

小米說：當然提高學習成績是目標，晚上花時間做功課是手段。

我說：很好，那我們再思考一下，提高學習成績真的是目標嗎？它背後還有沒有其他目標呢？

他說：提高學習成績的目標是通過升學考試。

我說：對，通過升學考試，是提高學習成績一個非常重要的目標，是目標背後的目標。從這個角度看，提高學習成績是為通過考試服務的，它就變成了手段。一個目標有時候並不是終極目標，它可能是另外一個目標的手段。

那通過升學考試就是目標嗎？

小米已經明白我的邏輯了，想了想說：通過升學考試也不是目標，未來找個好工作才是目標，通過升學考試其實也是手段。

我接著問：找個好工作就是目標嗎？

他說：也不是，找到好工作是擁有更好生活的一個手段。

我們透過不斷討論，得出了兩個結論：

第一，手段是為目標服務的；

第二，小目標都是大目標的手段。

接著，我開始跟他分析，為什麼要討論目標和手段之間的關係：手段是實現目標的工具和方法論，目標才是我們真正想要的；目標可以不變，但手段是可以改變的。

比如說，老師讓你今晚抄一篇作文，為了實現這個目標，你的手段是什麼？

小米說：坐在那裡一個字一個字地抄。

我說：假設這個時候，你媽媽過來說，哎，你不能這麼機械式地抄，你要邊抄邊思考。這時你很有可能會說，老師就是讓我們這麼抄的。

這就出現了剛才我們討論的問題，抄作文是目標還是手段呢？抄作文，在今天晚上來說是目標，但長遠來說它是手段，提高自己對文章的理解能力才是目標。如果以此為目標，一邊抄一邊思考和理解，才是實現這個目標真正的手段。

有時候，我們有了目標之後，就會設計一個實現目標的手段。這會導致一個很大的問題——把手段當成目標。一旦我們開始捍衛手段，就很容易忘記真正的目標是什麼。

我給小米舉了個例子：你看，爸爸要寫很多文章，我也會拿這些文章給其他人看，他們會提不少建議。很多寫文章的人，在這種時候會產生一種防衛心理——我的想法才是對的，我的文章不能這麼改。

這種防衛心理是怎麼來的？就是錯把手段當成了目標。

寫文章不是目標，只是一個手段，真正的目標是讓更多人喜歡你的文章，至於怎麼寫只是個手段。目標可以不改，但手段是可以改的。這樣想，你對手段的心態就會非常開放。

要明白你做的每一件事背後，都有一個更大的目標，為了實現更大的目標，對這件事的處理方式可以充滿靈活性。這就是目標和手段之間的關係。

程式設計和圍棋是你的目標嗎？是大目標還是小目標？

這些都不是我最終的大目標。我的大目標是可以找到一個更好的工作，然後更有錢，可以去買更多好吃的，這樣就會很開心啦！我覺得程式設計和圍棋提供給我另外一種思路，讓我知道可以透過什麼樣的方法去達成這個大目標。

為了學習好程式設計，你都幫自己設定哪些階段性的小目標呢？

階段性的小目標啊，譬如說，以前想要在更高級別的國中組和高中組的競賽上拿到一等獎，還有學到其他演算法、滿足各樣的好奇心，這些都算。

10 愛的本身就是用處

—— 無用之用

平時吃飯的時候，我喜歡和小米一起聽「得到 APP」的課程，獲取新知。我倆尤其喜歡聽萬維鋼的《精英日課》和卓克的《科學思維課》。萬維鋼老師講了一個觀點，說「書法是沒有用處的」，於是，在送小米上學的路上，我就跟他聊了聊「無用之用」這個話題。

我問小米：萬維鋼老師說，書法沒有特別大的用處，你怎麼看？

小米想了想說：這個問題，要花很多時間思考和回答。

我說：你的第一感覺是什麼？

小米說：那就要看怎麼定義「用處」這個詞了。

跟小米聊了這麼久，感覺他的思維越來越嚴謹了，非常好。

小米繼續說：我認為書法是有用的，例如我們經常說「見字如面」。

他居然知道「見字如面」，我很高興，接著他的話說：對。看到這個人的字，似乎就能看到這個人的衣著是否整潔，言談舉止是否禮貌。看來書法寫得好，還是有用的。不過現在學生用筆比較多，大人們更常用電腦或手機鍵盤打字，幾乎不用筆了，見字如面的機會越來越少。在這種情況下，花那麼多時間練習書法，如落筆、提筆、旋轉、抑揚頓挫，到底有多大用處呢？

小米說：用處的確不大，但是可以透過書法練習把字寫好。

我說：爸爸講一個故事給你聽。我們小時候喜歡集郵，把郵票從信封上取下來，用特殊的方式處理後收藏。當時有部電影講的就是有個孩子非常喜歡集郵，他的媽媽卻不喜歡，說集郵沒用、浪費時間。後來這個孩子去參加知識競賽，老師提的很多問題他都答得出來，最後得了大獎。

故事講完，我問小米：你覺得集郵有用嗎？

小米說：有用，集郵可以獲得知識。

我說：但是，小米，你再想想，三五年積攢的集郵冊，加起來一百多張郵票，可能只有一兩百個小故事，換成一本書，可能半天就看完了。從獲得知識的角度來說，集郵的效率是很低的。這部電影最大的問題，就是非要給一個沒有用的東西，安上一個有用的標籤，然後證明其有價值。

那為什麼集郵呢？很大程度上不是因為有用，而僅僅是由於愛好，愛好本身就是用處。也就是說，無用之用，就是用處。像是休息有什麼用？沒什麼用，但我就是想發個呆，喝杯咖啡，就是想做某一件事，那就是我的愛好。

人應該有自己的愛好，不一定非要給愛好找一個功利的用處。例如書法，當有人說書法沒用的時候，我們坦然接受，並依然熱愛它，這就是它的用處。

小米，你要記得，爸爸鼓勵你有自己的愛好，你不需要為愛好找一個用處。不要因為小小的副作用，影響了主理由。主理由就是愛好，愛好本身就是用處。只要這個愛好會讓你開心、喜歡，覺得放鬆，那就足夠了。

你會僅僅因為喜歡就堅持去做一件事嗎？

如果僅僅是喜歡的話，那就代表它在其他方面的用處不是很大。雖然我可以堅持去做，但是會放在比較靠後的位置。我會先做比較有用的事情，因為這樣更有成效。僅僅是喜歡的事情我也樂意做，但是眼前的獲益沒有那麼好，所以優先順序就稍微挪後一點。不過，我還是會做的，比如《我的世界》這個遊戲，它裡面的紅石電路挺好玩的，可以用材料在裡面做電路。

第 2 章

邏輯

探索世界運行的真相

11 What，Why，How
—— 從本質推演方法論

小米上小學三年級時開始學奧數。老師從最基礎的一元一次方程式開始，教他們解題。

像是，x+5=8，求 x 等於多少。

老師教了一個方法：把左邊的 5 移動到右邊，並且記住口訣「加號變減號」。

x+5=8

x=8-5

x=3

老師還傳授了完整的口訣：左邊移右邊，加號變減號，減號變加號，乘號變除號，除號變乘號。

一天晚上，小米一邊計算，一邊背誦口訣。

我問：小米，你知道這些口訣的原理嗎？為什麼會是這樣的口訣？他搖搖頭。

我說：你先做完題目，改天我們來聊一聊。

過了幾天，上學路上，我問小米：前幾天解方程式，5 從左邊移動到右邊，前面的加號變成減號。這個口訣好記又好用，但是你知道它的本質是什麼嗎？

小米有點困惑地說：不知道。

我對他說：做任何一件事，都需要具備三個東西：What，本質；Why，為什麼；How，怎麼辦。口訣只是方法，是怎麼辦，不是本質。

老師講得很好，給你一個容易理解的方法和口訣，也就是怎麼辦 How。但如果你不了解本質 What，可能以後會很容易忘記口訣。

口訣的本質是這樣的：方程式的等號意味著兩邊數值

是相等的，那麼兩個相同的數值同加同減同乘同除，做相同的運算，其結果肯定也是相等的。這就是口訣的本質。

以前我和小米沒有做過關於本質的思考訓練，所以他依然很困惑，問我：為什麼這是本質呢？

於是，我做了一番解釋：我們來看方程式，左邊的 x+5 和右邊的 8 是相等的。它們同時進行了一個相同的運算，那就是減 5。

$x+5-5=8-5$

$x=8-5$

所以你看，所謂的 5 從左邊移動到了右邊，加號變減號，本質上是兩邊做了一個同時減 5 的運算。

同樣地，x-5=8，兩邊同時加 5，就變成了：

$x-5+5=8+5$

$x=8+5$

這時，看上去是 5 移動到了右邊，減號變加號，但本質上是兩邊進行了一個同時加 5 的運算，結果不變。

無論是加減還是乘除，其本質並不是移動，而是兩邊做相同運算，這就是解方程式和口訣的本質。

小米聽了之後恍然大悟：原來是這麼回事呀。

我說：小米，你要記住，方法論只不過是本質推演出來的東西。**任何一個問題，了解了方法論之後，要爭取多問一個為什麼。只要多問一個為什麼，你就往本質多走了一層。就算老師沒有問過，你自己也要主動去想為什麼。**

數學的本質是什麼？

我覺得數學的本質就是某些公理，用一些方法可以證明它絕對正確、絕對成立。如等式運算，等式的兩邊可以同加同減。直接成立這種運算能夠得出結論，然後這些結論是符合事實的，還有助於我們的生活。

12 煮餃子為什麼要加冷水

—— 本質與目的

有一天，我在家裡教小米煮餃子，這是一項基本的生活技能。

怎麼煮餃子呢？先把水燒開，然後放餃子，餃子沉下去，水就不開了。稍等一會，水重新沸騰，餃子浮上來，這時再加半碗冷水，水又不開了。重複這個過程三次，直到餃子煮好。

我問小米：你說用水煮餃子，或者說「煮」這件事的本質是什麼？

他說：本質是讓東西更好吃。

相比上一次解方程式，小米對「本質」這個問題有了更多的思考。

我表揚他說：很好。不過解方程式的口訣是方法論，是怎麼辦，不是本質，你已經理解了。讓餃子更好吃是煮的目的，並不是本質。

小米問：那煮餃子的本質到底是什麼？

我說：它的本質是透過水來傳導火的熱量。

聽起來很玄，但小米恰好是一個特別喜歡物理和數學的孩子，他一聽就明白了。

他說：對，火加熱鍋，鍋把熱量傳導給水，水再把熱量傳導給餃子，用水煮餃子本質是一個熱傳導的過程。

我又問：那為什麼餃子不直接放在火上，而是用水加熱呢？

小米回答：那是因為水的沸點是攝氏 100 度。

我說：很好，餃子在攝氏 100 度左右的溫度受熱，不至於太冷，也不至於太熱。

我們的思考還在深入。

我又問他：為什麼有些菜是炒，有些是蒸，有些是烤，它們和煮有什麼差別？

小米若有所思。

我說：小米你想，炒菜放的是什麼？

他說：放的是油。

我又問：油和水有什麼差別？

小米平時讀了很多書，比較了解這方面的知識，他說：油的沸點比較高，在加熱的時候，能夠達到的溫度比水高。這時候，它傳導熱量的效率對菜的影響就會更大。

回答得非常好，看起來小米已經了解炒菜的本質。

我繼續深入解釋：烤箱的本質就是不需要透過水和油，而是透過空氣，在密閉空間裡直接傳導熱量。做菜的煎炒烹炸，無論是什麼，本質都是傳導熱量，只不過方式不同。為什麼煮餃子的過程中要加冷水呢？本質就是透過物理降溫，讓水傳導熱量的過程更加緩慢均勻，目的是讓餃子的表皮收得更緊，吃起來更有彈性。

這就是本質和目的的區別。

小米恍然大悟。

學習這件事的本質是什麼？

學習的本質是觀察前人的經驗，總結出他們做事的規律，然後自己再應用啊。耶，你看我理解得多透徹！

那學習的目的是什麼？

學習的目的我前面有講過，我覺得已經變得很清晰了，就是為了讓自己長大之後有更多的錢去買洋芋片、買冰淇淋等等。為了達成這個目的，就需要學習。你要有資本、有學歷、有很大的知識面，才有可能去找到好的工作，這些都需要比較深入地去學習。

13 洗衣服居然不用洗衣粉

—— 理解本質乃做事之源

有一天，我和小米在家一起用智慧音響聽新聞，新聞裡說有些洗衣機不需要加洗衣粉，很有意思。

我問小米：為什麼有些洗衣機不需要加洗衣粉，而有些洗衣機需要加洗衣粉呢？洗衣服的本質是什麼？

他很困惑。

我說：那這樣，我給你兩個選項。用洗衣粉洗衣服，是化學反應，還是物理反應？

他說：應該是化學反應。

我說：很好，我們已經開始在思考問題的本質了。

以前用洗衣粉洗衣服，本質上的確是一種反應。為什麼能夠將衣服洗乾淨，一定是發生了某些變化。洗衣粉加水後產生很多泡沫，同時在洗衣服的過程中，需要不斷攪動揉搓，這樣做的目的是什麼？

首先，一旦有了洗衣粉的潤滑作用，吸附於衣服上的油漬更容易溶於水，從而自衣服上脫離出來，被水漂洗帶走。這個過程沒有新物質的產生，所以應該是物理反應。

同時，那些有漂白作用的洗衣粉，其中所含的漂白劑會和衣服上的汙漬發生反應，產生易溶於水的新物質，這是化學反應。

所以用洗衣粉洗衣服，是透過一系列化學反應和物理反應，把衣服上微小的，甚至肉眼看不到的汙漬清除掉，這就是用洗衣粉洗衣服的本質。

那麼為何會出現不需要洗衣粉的洗衣機呢？

一定是因為有別的辦法，可以把衣服上的髒東西去掉。

像是我們在新聞裡聽到的超音波洗衣機，透過發出超音波，產生極其細小的真空水泡，它們破裂時會產生衝擊力，使汙漬、雜質等脫離衣物，其作用有點類似洗衣粉的潤滑效果。

看到小米在認真聽，我接著說，還有一些電磁去汙洗衣機。它的原理是，電磁發出高頻率的微震，大約每秒兩千多次，高頻震動會把汙垢、油漬震裂，從衣服上剝離，從而達到洗淨汙漬的效果。

無論是否需要洗衣粉，其本質都是透過一系列反應，讓微小的雜質、汙漬從衣服上分離。只不過後兩種洗衣機不需要洗衣粉，更多的是依靠物理手段。

任何一件事，我們都要首先理解其本質，在思考和解決問題時，才能從根源上出發。

競爭的本質是什麼？

前面已經說過，競爭也分兩種，一個是同向為競，另一個是相向為爭。同向為競的意思就是說，每個人都可以在自己原來的基礎上多獲得一些東西，這些東西是沒有上限的。相向為爭是所有人都去爭同一樣東西，就像零和博弈。零和博弈這個詞還是媽媽教我的呢。

從本質的角度來看，如何理解學習成績這件事？

我就知道又要講學習了！從本質來看，成績可以檢驗你當前學習的效果如何。考試內容會包含你學過的很多很多知識，如果你還記得的話，考試就能得高分；如果運用得好，就能得更高分。

14 公眾號激發寫作熱情

—— 增強迴路

有一次，我和太太與何帆老師一家吃飯。席間，何帆老師的兒子很興奮地對我說：叔叔，你看你看！我開始寫微信公眾號了，你要不要關注一下呀？

呦，看著他期盼的眼神，我知道這個要求無法拒絕，於是趕緊把手機遞了過去。他接過手機，很熟練地幫我關注了他的公眾號。我隨即點開一篇文章，寫的不錯嘛！

他看到我讀完文章，害羞地笑了笑：叔叔，微信還有一個功能，你知道嗎？

他伸出手指，點了一下文章末尾「喜歡作者」的按鈕，彈出幾個數字。

我忍不住笑了，扭頭看著他：哈哈，這個功能我太了解了，就是給你「打賞」嘛！

小夥子用大大的眼睛看著我，羞澀中透出狡黠，抿著嘴笑。

於是，我給他「打賞」了 50 元，這對一個小孩子來說，是不小的一筆錢，他特別特別開心。

這件事情讓我感觸很深，同時我想到自己的孩子——劉小米同學。他正在讀小學，平時也要寫不少作文。於是，在回家路上，我對太太說：或許，我們也可以給小米開一個微信公眾號，說不定能培養他的寫作熱情。

平時，小米的功課主要是由媽媽監督、輔導的。他的作文，經常被媽媽打回票去修改，甚至重寫。通常，小米按照自己的思路寫完之後，媽媽會忍不住提供非常具體的建議，例如：這句話應該這麼寫，那個詞換一下會更好⋯⋯

於是，小米拿去改，改完之後再給媽媽看；媽媽又提了建議，小米再拿去改；媽媽繼續說哪裡不好，小米繼續拿去改……直到媽媽覺得不用改為止。

順著何帆老師家孩子的話題，我對太太說：這樣給小米提建議是不對的。因為哪些建議是真的很好，哪些建議只是你自己的寫作習慣，沒有客觀的標準。我們很容易把自己的習慣當成好的建議，然後去要求別人。你是小米的媽媽，對他有比較大的話語權，他會聽從你的建議去修改，但如果寫作這件事是按你的習慣來做，可能就出問題了。

孩子有自己的思考和寫作邏輯，你提了建議之後，他迫於壓力就會去修改。長此以往，他就會只想一件事：這篇作文到底符不符合媽媽的要求？媽媽希望我這麼寫嗎？而一旦孩子的寫作，開始以符合家長的要求為目的，他就會忽略掉自己寫文章的真正邏輯。

太太問道：那怎麼辦呢？

我說：也許要讓孩子接受整體回饋，而不是局部回饋。幫助孩子尋找關於寫作的動力，而不是咬文嚼字地讓孩子寫出符合我們習慣的文章，最後卻忘記了該怎樣自我表達和表達自我。

讓小米寫公眾號文章，公開寫作，接受更多讀者的回饋，就是一個很好的方法。而且，小朋友會特別希望別人關注他的文章，給他回饋和讚賞，有一點點鼓勵就會非常開心，從而有更大的動力去寫好文章。

回到家後，我就對小米說：爸爸有個好朋友，他兒子開了一個公眾號，收到了不少讚賞。就在今天，我還打賞給他 50 元呢，他非常開心，你有沒有興趣也開一個呀？

小米一聽，立馬就興致勃勃：原來寫文章可以賺錢呀！那我也要試試！爸爸，我們快開一個吧！

於是，我陪小米註冊了一個公眾號，他的「新媒體創業」就此開始。我又告訴他，寫三篇原創文章，才可以開通讚賞功能。由此，小米同學的寫作熱情前所未有地高漲。從以前學校要求的周更，自主變成日更，沒幾天就拿到了讚賞功能，可以靠寫作賺錢了！

一段時間後，我看得出小米在公眾號上確實花了很多心思。春節期間，他軟磨硬泡地拉著家裡所有親戚都關注了自己；同學、親友的留言，他都非常認真地對待。甚至，我覺得自己跟小米的感情也變得更好了，因為小米發現，我是他身邊最大的「流量主」。每當寫完一篇文章，他都會明示或者暗示我，希望能幫他把文章轉到朋友圈。

我跟他說：你想請我幫你轉發，當然可以呀，但是你的文章必須要達到我的標準。要是達不到我的標準，別人就會覺得，這是什麼呀，你怎麼好意思轉發呢！畢竟我們做任何事情，都要對自己的信用有增益，而不能有損耗，對吧？

於是，小米非常認真，天天寫、天天發。必須承認的是，他確實越寫越好，進步神速。

終於，小米寫了一篇我覺得非常不錯的文章。為了給他一些鼓勵，我把這篇文章轉發到了朋友圈。

小米本以為一篇文章能有 10 元、20 元的讚賞，就很了不起了，結果一下子收穫了好幾百元，他反而特別緊張。

那天晚上，小米連 iPad 都不玩了，走進走出，遠遠看我一眼，幾次欲言又止。我故意逗了逗他，他就跟我說：爸爸，又多了幾十元，怎麼辦？爸爸，又有人給我讚賞了，已經六百多元了，這些錢都是我的嗎？他攥著拳頭，興奮得小臉通紅。

就這樣，劉小米同學的「新媒體創業」，有了一個很不錯的開始。

如何才能讓小孩子不再討厭寫作，甚至開始喜歡寫作？

答案就是激發熱情，保持風格，提升能力。從商業的角度來看，就是要讓孩子進入「增強迴路」。那麼作為家長，要怎麼幫孩子進入「增強迴路」呢？

給小朋友具體的寫作建議，有時候是有風險的。我們應該想辦法讓孩子獲得整體回饋，而不是局部回饋。

我幫小米開公眾號，其實就是幫他建立一條寫文章的增強迴路。透過公眾號讓他獲得留言、讚賞的回饋；有了回饋，他的寫作熱情就會被激發，然後忍不住寫一篇，再寫一篇。

現在，小米對寫作有著特別濃厚的興趣，每周都在寫文章。每次要交給學校的作文，他都要先寫在公眾號上，然後再謄寫到作文本上交作業。

我相信，每個孩子都有一條增強迴路，打通這條迴路之後，動力會源源不斷；可是一旦興趣被打擊，就會形成負向循環，這很可怕。**在教育這件事上，也許，我們可以幫孩子在「進步」上使力，而不是在意「排名」，找到更多的成就感，影響他的一生。**

公眾號給你帶來的最大快樂是什麼？

我覺得更新公眾號的最大快樂是成就感。沒想到自己寫的文章發出去，還能賺到一點小錢，好開心。寫公眾號還提升了我的其他能力，比如更新公眾號除了寫文章或者把作文複製上去，還需要修改、找圖，既能鍛鍊自己又能賺錢，所以很快樂。

你有繼續更新的計畫嗎？會把這個方法推薦給朋友嗎？

我會在暑假繼續更新。最近，我們學校的事情讓我很有感觸，所以寫了幾篇文章，不過我先不透露內容哦。另外，這個方法我會推薦給我同學的，能一起賺錢多好呀。

15 分錢的智慧
—— 股權與債權

小米註冊公眾號前後總共花了 1,500 元。為了讓他更用心寫文章，我就跟小米說：這 1,500 元我們一人出一半，你從壓歲錢裡拿出 750 元，另外 750 元我幫你墊付。等你賺到錢了，先把 750 元還給我，之後賺到的錢，全都是你的，怎麼樣？

小米想了想：成交！

後來，小米的微信公眾號陸陸續續收到了很多讚賞。有一次，我問小米：註冊公眾號花的 1,500 元賺回來了嗎？他算了算帳：快了，就快把 1,500 元賺回來了。

我說：那你記得要先還我 750 元。

小米又說了：可是我自己那 750 元還沒賺回來呢？

聽到小米這麼說，我就知道，他一定是想「先」把自己的 750 元賺回來，再還我那 750 元。我頓時覺得，這是一個很好的機會，跟小米聊一聊：什麼是股權，什麼是債權，以及風險和收益之間的關係。

於是，我跟小米說：你想要先賺回自己的 750 元也可以。不過，你得把我的 750 元變成股權。

小米問：什麼叫股權？

我說：股權就是將我墊付的 750 元，當作對你的投資，不是借給你的。總投資 1,500 元，你和我各投資 750 元，所以我們各自占股 50%。

投資是有風險的，虧了我認，但是萬一賺到錢，我也得分紅。什麼意思呢？假如你賺到了 2,500 元，除去成本 1,500 元，還淨賺 1,000 元。因為我們各占 50%的股份，所以這 1,000 元，你要分我 50%，也就是 500 元。

當然，如果你沒有賺夠 1,500 元，收不回成本，那你虧多少我也虧多少。甚至如果有一天你不想幹了，把公眾號賣了，那賣掉的錢，我們也是一人分一半。所以股權就是，我願意和你共擔更大的風險，像是公眾號根本賺不到錢的風險；同時，我也要跟你共用「可能的」收益，一旦公眾號賺到錢了，你要按股份比例分紅給我。

小米說：原來是這樣啊。

他心裡開始算帳了，開始思考公眾號未來到底能不能賺錢，賺錢之後要不要給爸爸分紅……

小米問：如果我不想這麼做呢？

我說：那這 750 元，就當作債權吧。債權就是這 750 元是我借給你的。可是你不給我分紅，我憑什麼要借錢給你，萬一你不還怎麼辦？這風險是很大的，對吧？

所以，你想要我借錢，就得給我一些東西做抵押。例如把某個玩具抵押在我這兒，萬一你還不起這 750 元，玩具就歸我了。

然後，你還得定期還我錢，同時要給我一點點利息。如每年 6%，跟銀行貸款的利息差不多。直到你把 750 元本金和利息都還清了，我再把抵押物還給你。

你看，我要的利息不高，只有 6%。那為什麼只要 6%，而不像股權，如果賺錢了你要分給我 50%呢？

因為我沒有風險。你有抵押物在我這兒，一旦賺了錢，你會先還錢給我；就算你還不了錢，我也可以把你的抵押物賣掉，收回成本。

我跟小米說：現在你選擇一下吧。我這 750 元，你到底要當作股權，還是債權呢？

小米想了半天，說：那我還是把它當作債權吧。

我說：好的。那麼這 750 元是我借給你的，你賺到錢就要先還我。還完本金和利息之後，你以後再賺錢就跟我沒關係了，賺多少都是你自己的。

小米說：好，那就這麼定了。

我給小米講清楚了什麼是股權，什麼是債權。至於這

750 元到底應該當作股權還是債權，我沒有替他做決定，所有的決定都是他自己做的。其實我是在訓練他的一種能力——如何在風險和收益之間做出權衡。

當小米要把這 750 元當作債權的時候，我特別高興。

我高興的理由，並不是因為他要先還我錢，而是因為他開始理解什麼叫風險，什麼叫收益。

風險和收益永遠是對等的，選擇股權或者債權，其實就是在決定：要在更大的風險下獲得更大的收益，還是在更低的風險下獲得更低的收益。

守信用可以帶來什麼幫助？

如果別人知道我是個守信用的人，就會很放心地來找我幫忙。當我遇到困難的時候，他們也會願意幫我，大家都相互保持這份信用。

16 選擇 A 還是 B
—— 期望值與風險均攤

有一天早上送小米上學的時候，我想跟他聊聊在「時間的朋友」跨年演講中，羅振宇（自稱羅胖，「得到APP」創辦人）提到的一個例子：有兩個按鈕，左邊的按鈕按下去，你能獲得 100 萬元，而右邊的按鈕按下去，有50％的機率什麼都沒有，50％的機率獲得一億元。你會按哪個？

這個問題，從數學的角度來說，是一個「期望值」的問題。

當時才小學三年級的小米，沒有學過「期望值」的概念，於是我問他：假如現在有 A、B 兩個選項，如果選 A，你能立刻拿到 100 元，而選 B 的話，有一半的可能是什麼都拿不到，另外一半的可能是得到 1,000 元。你會選哪個？

沒想到，小米居然說：爸爸，你能不能不要拿羅胖跨年演講的事情來舉例。

我去現場聽跨年演講的時候並沒有帶小米，沒想到後來他和媽媽一起看了重播影片。

我問：那你知道這叫什麼問題嗎？

他說：這叫什麼什麼概念。（他想不起來是什麼概念了。）

這是「期望值」，我補充道，期望值是一個數學概念，意思是每個選項都有它的價值。

我問：那你知道 A 選項價值多少嗎？他答：100 元。

我又問：那 B 選項價值多少？他答：500 元。

我很驚訝地問：那你知道這是怎麼算出來的嗎？

小米說：是 1,000 元的一半，對嗎？

我說：對。不過嚴格來說，用期望值邏輯去解釋的話，是這麼算的：50％ ×0+50％ ×1,000=500（元），所以B選項價值500元。

那麼你要選哪個呢？

小米說：我會選B。

我又說：如果把這件事情做50次、100次、1,000次，那你應該堅定不移地選B，B選項符合期望值背後隱藏的思維模式——機率思維，就算有一次拿到0元也沒關係，因為你知道下一次有可能拿到1,000元，兩次平均下來就是500元。

這樣，B選項兩次累積得到的總數，有可能比A選項要多。

選擇A，兩次賺到的錢是100+100=200（元），而選擇B，兩次賺到的錢可能是0+1,000=1,000（元）。所以，這個時候，只要堅持做期望值大的事情，就是對的。

小米好像聽明白了，這也是為什麼他會堅定地選擇B

的原因。

我接著說：但是，如果只能選一次，你會選哪個？

只能選擇一次，那麼選 B 意味著要嘛什麼都沒有，要嘛得到 1,000 元；而選 A 的話，能夠穩穩地得到 100 元。

小米說：我記得羅胖說過，要把這個風險賣掉。

我說：對，應該把風險賣掉，賣給誰呢？賣給能把同樣的事做 1,000 次、10,000 次的人。當我們把它出售時，就相當於把這個期望值是 500 元的機會，賣給能均攤風險的「大池子」。那麼你準備賣他多少錢？

小米想了想說：那就賣 250 元吧。

我覺得還是蠻公允的。這個機會值 500 元，我沒有風險承擔能力，你有風險承擔能力，那我們倆合作，一人一半。

我說：對，如果你以 250 元賣給他，對他來說有沒有賺呢？其實是有的，因為他的期望是 500 元，可是他只花了 250 元，就買到了這個期望。對你來說也賺了，因為如果你選擇 A，最終只能得到 100 元；選擇 B，就擁有了 250 元，所以你們都賺錢了。

這就是我想跟你說的重點：一是期望值，二是風險均攤。要在這個邏輯下思考問題：**做一件事，做的次數越多，越要堅持做期望值大的事情；次數越少，越要懂得分攤風險。**

學習了期望值這個概念以後，對你的生活有什麼幫助嗎？

了解期望值之後，有助於幫我抵擋一些誘惑。我發現生活中有好多東西，雖然看起來收益很大，但期望值其實非常低。就像八位數字的彩券，一共有一億種排列方式。如果獎金是五百萬，就算是買了一億張，把它所有的排列方式都買到了，最後也只能得到五百萬。分攤一下就會發現，一張彩券價值五分錢。這五分錢就是它的期望值，但如果商店一塊錢一張賣給你，那就不值了。所以學好數學非常重要，哈哈。

17 「只要……就」和「只有……才」——充分條件與必要條件

「充分條件和必要條件」，是一個非常重要的思考問題邏輯基本功。

這個話題在小學、國中和高中的學習中，老師可能會講到，但是並不會有系統地教授，所以我特別想讓小米在小學階段，就能充分理解這個概念，並成為他未來思考問題的底層框架。

如我們平常講話，常用一個句型：只要……，就會……。

我給小米舉了一個例子：只要把氫氣和氧氣放在一起，用火一點，就會發生燃燒現象，最後變成水。

那麼，「氫氣、氧氣和明火這三樣東西加在一起就會燃燒」，究竟是充分條件還是必要條件？

小米一開始並不理解什麼是充分條件和必要條件，聽我說完這個例子後，他思考了一下，再根據字面意思，就想明白了。

他說：這個大概是充分條件，因為這三樣東西放在一起，不需要第四樣東西，就能有結果，左邊能推出右邊，所以這應該是一個充分條件。

我說：很好，那反過來呢？還有另外一個句型：只有⋯⋯，才能⋯⋯。我們還是用剛才的例子：只有存在氧氣，氫氣才能燃燒起來。這是充分條件還是必要條件呢？

小米立刻明白了：這當然是必要條件。

那什麼是必要條件呢？我給他解釋：有左邊的東西，不一定會產生右邊的東西；但是沒有左邊的東西，就一定沒有右邊的東西，這就叫作必要條件。

我說：你做一件事情時，可以試一試反過來會怎麼樣。

燃燒這件事情能推出來有氧氣嗎？

小米沒想到我會這麼問，思考了一下說：有氧氣是燃燒的必要條件。反過來說，燃燒就是氧氣的充分條件，一看到燃燒，就必然有氧氣。這麼一說，立刻打通了他的認知，原來必要條件倒過來就是充分條件。

這是一件非常有趣的事情，小米記住了這個有點像繞口令的句型：

只要……，就會……，這是充分條件；

只有……，才能……，就是必要條件。

充分條件，是有左邊就必然能推出右邊；

必要條件，是有左邊不一定能推出右邊，但沒有左邊就一定推不出右邊。

了解這個概念之後，對你的學習和生活有什麼幫助嗎？

學習這個概念之後，我發現如果要考個好成績，就必須每科都得到 A。我以前只專注數學的時候，就要這科拿到一百分；如果專注英語，我也要拿到一百分。但是卻因此忽略了其他科目，所以我雖然滿足了一些必要條件，但仍沒有辦法達到終極目標。這個概念幫助我知道，我需要集齊所有的必要條件，才能實現目標，不然只達到一個必要條件的時候就會很慘。

18 什麼東西是不會死的

—— 相對概念

一天上學路上，我問小米：你覺得這個世界上，什麼東西是不會死的？

我想從這個話題開始，和他聊一聊「相對概念」。

小米立刻跟我說：已經死了的東西，是永遠不會死的。

哈哈，聰明的回答，這小子還挺有趣的。

我說：這個回答很好，但準確的說法是，已經死了的東西，是不會再死一次的，因為它已經處於一種死的狀態了。這個問題更準確的表述是，到底有什麼東西是不會真正死的？

他說：那就沒有了，所有東西都是會死的。

這個回答也很好，我開始和他談論今天的核心話題，接著問：真的是這樣嗎？所有東西都會死嗎？死和生是一個相對概念，從來沒有獲得過生命的東西會死嗎？

這個問題，小米可能從來沒有想過，我跟他聊的目的，就是想引發他更全面、更深刻的思考，因為思考能力是一個人最重要的能力之一。

我問小米：譬如一粒沙子，從來沒有獲得過生命，它會死嗎？

小米的思路一下子開闊了：那這個世界上不會死的東西實在是太多了，因為它們從來都沒有生過。沙子不會死，沙子只會變化。

我說：很好，沙子在不斷變化，那麼變化到什麼程度才能叫死呢？

我們的思考越來越深刻。

他說：沙子無論變化到什麼程度，都不會死，因為對於沙子來說，它沒有生過，所以也不會死。沙子永遠不會死。

回答得很好，他了解了生和死是相對概念。

我對小米說：今天我和你聊的不是生死的話題，而是思辨過程中的「相對概念」。

世界上的很多概念都是相對的，例如高和低。你看路邊有一個人個子很高，那是相對於我們來說的，但是相對於姚明，這個人就很矮。當我們說高低的時候，其實隱藏了一個參考標準，也就是相對於誰。

再如長和短，兩者也是相對概念。筆芯很短，是相對於筆來說的，但是相對於奈米級的電子元件來講，那就太長了。

還有什麼呢？

小米說：大和小也是相對概念。我們說什麼東西大，其實是相對於通常所看到的東西。

很好。那麼判斷冷和熱，又相對於什麼呢？

小米回答：相對於人皮膚的溫度。

非常好！

我們一邊走一邊聊。過了一會兒，小米問我幾點了，我告訴他 8 點 03 分了。他說，我們今天走得有點慢。剛說完這句話，他好像想到了什麼，對我說，今天走得慢，是相對於前兩天我們走的速度來說的。

真棒。你看，快和慢也是相對概念，是拿我們前幾天的速度作為參考標準的。所以，當我們討論問題時，如果離開了參考標準，即使爭論得面紅耳赤也沒有意義，因為它們不是絕對的，而是相對的。

生活中有哪些事情表現了相對概念？

我在生活中發現一件事情，就是喜歡和不喜歡是相對的。雖然我非常喜歡看書，但這是相對於做作業來說的。如果相對於打遊戲來說，那我更喜歡打遊戲好嗎？所以，雖然我喜歡看書，但是媽媽不能讓我一直看書，因為我還有更喜歡的東西啊。

你怎麼看待你的成績，你會為成績感到焦慮嗎？

我是絕不會對自己的成績感到焦慮的。雖然我的成績相對於 100 分，總是會差 15 分以內，但是相對於別人來說，我是不擔心的，因為它總是會高於別人一些，然後就很有成就感。在所有的「跑道」上，相對於後面的人，我是領先的。而這條「跑道」上領先我的人，可能在另外一條跑道上，他就在我後面了。

19 親手做的蛋糕更好吃
—— 雞蛋效應

小米的學校要舉辦一次義賣活動。他花了幾天時間，做了一台筆記型電腦模型，甚至還做了滑鼠和隨身碟。

他問我應該怎麼定價。

我壯了壯膽子說：50 元。他顯然很不滿意。

我說：100 元。他顯然還不滿意。

我覺得，是時候給他講講「雞蛋效應」了。

研究者找到兩組非專業人士和一組摺紙大師，要求他們按照複雜而詳細的步驟摺青蛙和紙鶴。摺完後，請他們對作品進行估價。研究者發現，人們對摺紙大師的作品平均估價為 27 美分，對自己創作的作品平均估價為 23 美分，而對另一組非專業人士作品的平均估價只有 5 美分。大家總覺得自己做的東西更值錢。

為什麼會這樣？美國行為經濟學家丹．艾瑞里（Dan Ariely）認為，這是因為我們對某一事物付出的努力，不僅替事物本身帶來變化，也改變自己對這一事物的評價，付出的勞動越多，產生的依戀越深。

假設做一個蛋糕，哪怕只是親手打個雞蛋，你都會覺得這個蛋糕更好吃，只因為它是自己親手做的。這就是所謂的「雞蛋效應」。

小米似乎聽懂了，便說：要是沒人買，就送給你當節日禮物。

你覺得生活中有哪些雞蛋效應？

很多手工製品會比較容易出現雞蛋效應，因為你花了很多精力去製作。像是我以前做的一台電腦，雖然現在看上去很粗糙，但當時是花了很多心血的。還有媽媽畫的油畫，只要是親手繪製的，就會覺得特別寶貝。這種效應爸爸之前也說過，譬如你賣一個蛋糕給顧客，他買來「啊」地一口就吃掉了，沒有什麼感覺，就覺得是很正常的一件事情。但是如果你能讓顧客有參與感，像賣果凍的時候，除了給顧客一杯果凍，還給他一份果凍配料，就會產生雞蛋效應，這種參與感也會提高顧客對你的好感度。

20 媽媽買東西比你便宜

—— 價格四要素

前幾天，小米問了我一個問題：爸爸，哪些因素決定了商品的價格？

我說：關於商品的價格，你可能聽說過一句話，就是它會圍繞著商品的價值上下波動。那價格是如何圍繞著價值上下波動的呢？它受到哪些因素的影響？

具體來說，價格由四個不同的因素決定。這四個因素在不同層面上，影響著價格的高低。

第一個影響價格的因素，是成本。

成本越高的東西，價格就會越高。生產成本會隨著科技水準的提升而降低，價格也會隨之降低。

舉個簡單的例子。在過去，我一個人一天可以砍 1 棵樹。後來，我有了更好的斧頭，一天可以砍 2 棵樹。再後來，我有了電鋸，一天可以砍 20 棵樹。未來，我有了人工智慧機器人，一天可以砍 2,000 棵樹。隨著科技的不斷發展，勞動生產率大大提升。從一天砍 1 棵樹，2 棵樹，20 棵樹，到 2,000 棵樹，1 棵樹的價格，也就隨著砍樹付出的綜合成本降低，而不斷降低。

再舉個例子。法國皇帝拿破崙招待客人用的，都是非常精美的銀製餐具，而他自己卻只用鋁製餐具。我們都知道，銀比鋁值錢多了。很多人認為拿破崙用鋁製餐具，是因為他低調樸素，其實恰恰相反。

在那個時代，用鋁製餐具是身分高貴的象徵。因為鋁的煉製成本極高，鋁製餐具非常罕見，所以價格昂貴，甚至超過黃金。而現在，煉鋁技術突飛猛進，鋁因此變得非常便宜。而由於銀本身的稀缺性，其價值就大大超過了鋁。

所以，成本影響價格，而科技改變成本。

第二個影響價格的因素，是供需關係。

舉個例子。中秋節的月餅幾百元一盒，待節日一過完，需求沒有了，月餅價格立刻大幅縮水。平常白菜 2 元一斤，過年的時候，因為供給變少，變成 5 元一斤。年一過完，供給恢復正常，白菜又降到 2 元一斤。

假設一件物品只生產 10 件。如果市場上只有 10 個人需要，供需平衡，每個人都可以買得到。如果有 100 個人需要，物品的價格就會上升。如果有 1,000 個人需要，物品的價格會升得更高。供給稀缺，需求旺盛，價格就會上升。所以，賣需求旺盛、供給稀缺的商品，就會比較賺錢，如房子。

從蓋房子的角度來說，材料成本是一樣的。那為什麼不同位置的房子，能賣出不同的價格呢？因為大家都想住在市中心，需求旺盛；而中心地段的房源供給很少，因此價格十分昂貴。

第三個影響價格的因素，是效率。

潤米商城在賣小洞茶，銷量很好，但其實並不算貴。為什麼呢？因為效率高。我們直接從供應鏈源頭拿到茶葉，沒有開實體門市，沒有雇請人員，更沒有做廣告宣傳，縮減了許多中間環節。這就是用高效率降低了價格。

同樣的需求，同樣的生產成本，營運效率不同，價格就會不同。

第四個影響價格的因素，是資訊。

你去批發市場買一件東西，通常情況下，銷售人員會上下打量你一眼，給你一個報價。然後，你們開始討價還價。最終，每個人買到這件物品的價格，可能是不一樣的。換你媽媽去買，很可能比你買到的價格更便宜。

為什麼？因為資訊不對稱。當資訊不對稱的時候，就會產生生產者剩餘和消費者剩餘。

什麼意思？你的心理價位和賣家的成本之間，是存在一定空間的。假如商品的進貨價是 5 元，你願意花 20 元買它。對賣家來說，20 元可以賣，理論上 6 元他也願意賣。最後以什麼價格賣出，就看你們倆討價還價的能力。

如果賣家的討價還價能力很強，最後 15 元賣給你了。你覺得還不錯，比想像中便宜一點，這時你就占有 5 元的消費者剩餘。如果你的討價還價能力很強，最後以 8 元買走商品，你就占有 12 元的消費者剩餘。雙方透過不斷討價還價，試探對方的底線，最終確定成交的價格。所以，價格的高低，與雙方的資訊差也有關係。

一件商品貴或便宜，是由多種原因導致的。成本、供需關係、效率、資訊，這四個因素匯聚在一起，最終影響了價格。

你自己買東西的時候，會考慮價格四要素中的哪一個？

我考慮最多的是資訊。雖然很少能碰到討價還價的機會，但是我以前也學過一個關於討價還價的小技巧，就是先把價格砍一半，然後在這個基礎上再往上談，這樣的話就可以儘量接近對方的底線，到最後肯定會比預估的價錢要低很多，就很棒！但是我真的很少有機會去討價還價，所以還蠻期待的。

第3章

誰制定規則，誰把門看守

21 嘿，別發呆了

—— 聚焦目標

自從我跟小米優化了早上的流程之後，他做事情就變得很快。一天早上，他迅速把事情做完，距離我們約定的7點50分出門還有一段時間。我看到他一個人坐在椅子上，無所事事地擺弄一根帶子，一邊玩一邊發呆。

於是，在送小米上學的路上，我跟他說：今天我要和你聊一個話題，叫作 focus（聚焦）。你早上出門前，為什麼要玩那根帶子？

他想了想，說不出來。

我說：那個時候，你進入了一種 lose focus（失焦）的狀態。這種狀態，就是漫無目的。很多相機現在都有自動對焦功能，快門按到一半的時候，相機會自動尋找目標，並且調整焦距，把目標拍攝清楚。如果把相機對準萬里無雲的天空，因為天空中沒有明確的目標，這個時候相機找不到焦點，可能就會一直調整焦距，鏡頭一會兒拉出來一會兒縮回去，這種情況就是失焦。你剛才的樣子，是不是跟相機很像？

他點點頭。

我進一步問：你有沒有想過，你為什麼會失焦？

他搖搖頭。

我說：這是因為你沒有 purpose（目標）。有些人會感慨，這一生到底是為了什麼而活？有些人在達到某個階段後，突然不知道接下來應該做什麼，這些都是失焦的表現。當一個人沒有目標時，就會失焦，這是一種不太好的狀態。你可以想一想，早上，你的目標是什麼？你心中有沒有始終裝著這個目標？譬如說，早上的小目標是準時出門，同時它又是養成良好學習習慣的手段，養成良好學習習慣的目標是更好的學習成績，如此層層漸進。

說到這裡，小米說：打住，再說下去就無窮無盡了。

我一下就笑了，聽他這麼說，就知道他已經明白這個道理了。

我說：有時候，失焦是很可怕的，你需要隨時將目標裝在心中，當你覺得自己不知道為什麼陷入失焦狀態，或者不知道自己在幹嘛的時候，一定要回顧一下你的目標是什麼，然後迅速調整，將焦距對準你的目標。

最後，我問小米，是不是我們每時每刻都需要有目標呢？

他說是的。

我說：有時候，我們的目標是要抓緊時間努力學習。但有時候，我就是不想學習，想休息一下，那這個時候，我們有沒有目標呢？

小米想了想說：有，這個時候的目標就是休息，休息不是漫無目的，它本身就是目的。

我說：對，當你知道休息是目的本身的時候，就會讓自己徹底地放鬆，不去做比學習和工作更累的事情，休息會更有效率。

最後，我總結說：**永遠要在心中放上目標，你才不會失焦，不會漫無目的、效率低下。**

你在寫作業的時候會聚焦目標嗎？

我聚焦目標還算是做得比較好的，可以給自己按個讚！我主要是想著做完作業就可以去玩了，而且是得到媽媽允許後的那種玩樂。之前我做完作業，媽媽就帶我去玩體感遊戲，玩得很開心，所以後來我就想著趕緊寫完，不就有更多的時間去玩了嗎？

你跟正在讀這篇文章的弟弟妹妹或者年輕讀者們，分享一下你都是怎麼聚焦目標的吧。

我要分享給大家兩個方法。第一個就是先做作業，然後再去玩。我用的番茄鐘（一個時間管理 APP）就屬於這種類型，先寫 50 分鐘作業，然後玩 10 分鐘。但有時候我還是會控制不住嘛，所以第二種就是把自己「暴露在光天化日之下」。例如，和爸爸媽媽一起做作業，或者電腦連接到電視螢幕，或者在飯桌上寫作業。總之就是被別人看見，然後很快就可以寫完了。

22 幾支蠟燭能燒開一鍋水
—— 系統化思維

一天在陪小米上學的路上，我問他：你有什麼想跟我聊的嗎？

他說：爸爸，我想問加熱東西用什麼最好。

我覺得這個問題太大了，問他：加熱什麼東西呢？

他說：加熱液體，比如水。

我問：加熱多少水呢？

他說：不知道多少毫升。

我又問：那是一小杯，還是一大桶呢？

他說：如果是一小杯呢？

我說：如果你要加熱一小杯水的話，可能用一支蠟燭就可以了。

小米聽了之後，又問：能用酒精燈嗎？

我說：酒精燈和蠟燭一樣，都可以加熱一小杯水。

說到這裡，我發覺小米今天問問題的能力有所欠缺，決定跟他聊聊「系統化思維」。

什麼是「系統化思維」？像我們剛才談到的蠟燭可以加熱一小杯水，那麼，用一支蠟燭可不可以燒開一鍋水呢？小米說，可能不行。我說，如果我用足夠長的時間來燒，燒很久很久，那行不行呢？小米說，不行。我問為什麼，小米想了想說，因為加熱的時候，水同時也在蒸發，蒸發會把熱量帶走。

我說：你能想到這一點，非常好。加熱的過程，其實是能量的輸入，但很多人容易忽視一件事情，就是加熱的同時還伴隨著能量的損失，也可以說是能量的輸出。水到底能不能燒開這件事，取決於什麼呢？

小米說：取決於能量輸入的速度是否大於能量輸出的速度。如果輸入大於輸出，那麼只要花足夠長的時間，是能夠把這鍋水燒開的。所需要花的時間，就是燒開這鍋水所需要的總能量，除以輸入減去輸出的差值。

我說：非常好，你已經開始有一點系統性思維了。一個系統，有輸入，有輸出，是一個閉環。平時不用蠟燭來燒水，是因為蠟燭的輸入能量無法抵消輸出能量。那麼，為什麼用瓦斯爐可以輕而易舉地燒開一鍋水呢？

小米回答：因為瓦斯爐火大，它有很多火苗。

我又問：如果用和瓦斯爐火苗數量一樣多的蠟燭，能不能把一鍋水燒開？

他說：當然有可能。

那還有沒有第二個因素呢？

小米想了想說：還有第二點，瓦斯燃燒的速度快。

我說：你能想到這一點，特別棒。你看，瓦斯爐上有個旋鈕，調節大火和小火，這是什麼意思呢？就是調節瓦斯供給的速度，其供給得越多，傳輸能量的速度就越快。

還有沒有第三個因素呢？

小米想了想說：火焰的溫度可能也不一樣。

我說：太好了，你還能想到這一點。那麼蠟燭的外焰溫度是多少呢？

正好我們最近討論過燃燒的溫度，小米還記得，於是回答說：蠟燭的外焰溫度是攝氏 500 度，瓦斯的外焰溫度是攝氏 1,300 ～ 1,400 度。所以，燃燒的溫度是遠遠高於蠟燭的。

我說：小米你看，所謂「火大」這件事，是由三個因素決定的：第一是火苗的數量，第二是可燃物供給的速度，第三是外焰的溫度。這三個因素共同作用，決定了同樣加熱一鍋水，瓦斯輸入能量的速度，遠遠大於一根蠟燭輸入能量的速度。

在思考加熱水這件事的時候，你的腦海中應該建構一個體系，包括能量輸入的方式、耗散的方式，以及它們之間輸入、輸出的關係和過程。這就叫作「系統化思維」。

你覺得什麼是系統化思維？

我有很廣的知識面，但是知識面廣並不等於系統化思維。系統化思維就是把這些知識全部串聯起來，只要想到其中一個，就可以聯想到其他學科和領域。有時候發現它們都是共通的，就會很快樂。

應該如何去培養系統化思維？

首先要有很廣的知識面。你可以從各種管道獲得知識，如多讀書、看電視、聽節目或者跟別人聊天。我自己收穫最大的還是一些音頻節目（也可以稱為網路廣播），像《原來是這樣》《科學有故事》《卓老闆聊科技》等等。我在科技方面的很多知識，都是靠聽各種各樣的音頻節目來獲取的。其次，在生活中接觸到一些事物的時候，要去翻看自己的知識庫，想想有沒有和這些事物相關的東西，然後思考它們之間有什麼樣的關聯，這樣就可以漸漸發現某些東西是聯繫在一起的，逐漸形成系統化思維。

23 用科學的方法吃火鍋
—— 運籌學

火鍋，稱得上是餐飲界的第一大品類，不論是眾口難調，還是選擇困難，一頓火鍋都能解決。然而火鍋雖好，但從滾燙湯底撈出的食材，難免會燙了嘴。我的兒子小米，就遇到了這個問題。

小米跟我一樣，特別喜歡吃火鍋，還總是點名要吃四川火鍋。有一天，我剛出差回到家，便帶著小米去吃火鍋。

小米看鍋內的湯滾了，興沖沖夾起一塊魚，蘸上調味料就放進嘴裡，一不小心，燙著嘴忍不住唉唉叫：哎呀，好燙好燙，好疼好疼。

我看著他狼狽又可愛的樣子，告訴他：小米，爸爸可不是這麼吃的，我就不會燙到嘴。然後，我又故作神祕地說：我吃火鍋的時候，用到了「運籌學」。

果然，他放下筷子，好奇地問我：用「運籌學」怎麼吃火鍋？

我回答道：你看，我面前是一個調味料碟、一個小碗，還有一些沒煮的食材。我吃火鍋是「排隊」的，是有順序的。如果我想吃一塊魚，一定是先夾出來，然後放在調味料碟裡，等一下再吃。這樣至少有兩個好處：一是讓魚片吸收調味料入味，二是放涼，吃的時候不會燙到嘴。而在這個「等一下」的時間裡，我可以放新的食材下鍋，之後再回來吃魚。這樣既節省時間，又提高效率，吃的時候還不會燙著嘴。

我看著小米似懂非懂的表情，繼續提醒他：你仔細想一想就會發現，這是一件很神奇的事情，因為整個過程並沒有花費任何額外的時間。吃魚的時間，等待的時間，把食材煮熟的時間，都是一樣的。區別只是調整了順序。

這些步驟裡，有一小段無法迴避、無法節約的「剛性時間」，就是把食材夾出鍋，再到放進嘴裡的過程。而冷卻放涼至少也要 15 秒或者半分鐘吧，如果把這段時間充分利用起來，就可以提升效率。

用「運籌學」的方法吃火鍋，就是把食材先夾出來，入味放涼，然後夾新的菜進去煮，再回來吃。步驟交錯，充分利用時間。

才一下子的工夫，小米似乎有所領悟，再也沒有燙到嘴。看著他夾菜時念念有詞的樣子，我覺得特別可愛。趁著他還在興頭上，我決定更進一步，將自己學習運籌學的經歷分享給他。

爸爸在國中時，學到了一篇由數學家華羅庚先生寫的課文〈統籌方法〉，這是一篇關於演算法、運籌學的文章。其中，華羅庚先生舉了個泡茶的例子，形象生動地說明工序安排的重要性。

例如，你想泡壺茶喝，而實際情況是：沒有熱開水，水壺、茶壺、茶杯要洗；而火已經生了，茶葉也有了。怎麼辦？

辦法 1：洗好水壺，灌入冷水，放在火上；在等待水開的時間裡，洗茶壺、洗茶杯、拿茶葉；等水開了，泡茶喝。

辦法 2：先做一些準備工作，洗水壺、茶壺、茶杯，拿茶葉；一切就緒，灌水燒水；坐待水開了泡茶喝。

辦法 3：洗淨水壺，灌入冷水，放在火上，坐待水開；水開了之後，急急忙忙找茶葉，洗茶壺、茶杯，泡茶喝。

哪一種辦法省時間？我們一眼就能看出第一種辦法好，後兩種辦法都未能充分利用時間。

我告訴小米，這個例子讓我印象極其深刻。「運籌學」的方法，也潛移默化地影響我的生活和工作。運籌學在英語裡，可以被稱作 Optimization（最優化），在我們博大精深的中華文化語境下，被翻譯成「運籌」；但如果直譯的話，就是「優化」。

運籌學研究的本質就是優化。最簡單的優化方式，就是透過改變排列組合順序，讓同樣的資源產生更多有效的結果，同樣的行動有更高的效率。延伸到生活中，每件事其實都是可以優化的。優化就是基於資源的稟賦、資源的使用特徵、資源獨有的說明書，理清資源之間的關係。

這個世界上有很多學問，就是在研究如何優化資源配置——如何讓資源在每個人手裡發揮最大的作用；用什麼樣的制度來分配資源，得到最高效的生產。這個學科特別厲害，叫做「經濟學」。

所有學科的底層邏輯都是相通的，看似風馬牛不相及的「運籌學」和「經濟學」，本質都是「優化」。

這些底層邏輯深刻影響著我們的生活，大到國家的運行，小到吃一頓火鍋。

從吃火鍋燙嘴到運籌學、經濟學，再到「優化」的思考，我希望小米可以記住這次特別的吃火鍋經歷。

如果我們能時刻把「優化」這個概念放在心頭，甚至作為思考的底層邏輯和偏好，許多事情就可以做得更好。

也許下次吃火鍋的時候，你就會從「燙嘴」想到「華羅庚」，想到「優化」，吃飯的效率會更高，也會吃得更加開心。

古語云，「治大國如烹小鮮」。火鍋裡也有生活的哲學，小事情也藏著大道理。

你對高效率閱讀有什麼建議？

我平時拿到一本新書會先翻目錄。每本書都有完整的系統，尤其是一本好書，從目錄可以了解到整本書的主要內容，如果感興趣再接著往下看。

24 怪外婆還是怪自己

── 誰損失，誰改變

有一天晚上，外婆把小米的魔術方塊遞給他，結果小米沒有接住，魔術方塊掉地上了。他很生氣，怪外婆不小心。第二天上學路上，我和小米聊起這件事。

我問小米：出現問題，到底應該怪誰呢？比如昨晚的事情，應該怪外婆，還是你自己？

小米比較謙虛，說：兩個人都有錯。

這個回答聽起來沒問題，外婆沒有充分考慮到小米可能接不到，小米也沒有考慮到外婆的粗心，理論上來說，兩個人都有錯。

我說：聽起來似乎有道理，但我不這麼認為。這件事只有一個人有錯，就是你自己。

小米很不服氣：為什麼是我呢？

我說：**判斷損失發生後應該怪誰，就是看誰因此受損失。這是很重要的標準。**

我問小米：魔術方塊是你的，萬一摔碎了，誰受損失呢？

小米想了想回答：是我。

我說：對。那麼，你怪罪外婆，魔術方塊自動變好了嗎？

小米說：沒有。

我說：這就對了。對你來說，最重要的目的並不是去怪別人，如你的合作夥伴、同學、老師，甚至對手。因為「怪別人」這件事是很容易的，「怪」完了，好像這件事就解決了，但實際上它並沒有改變你受損失的結果。像昨晚的事，你唯一的目的，就是保證魔術方塊不掉地上，因為你沒有辦法左右外婆，唯一能左右的就是你自己。

出了事情之後要這樣想：我沒有考慮到外婆的大意，沒有把外婆可能犯錯納入思考的範圍。如果我的手再往前伸一點，魔術方塊就不會掉了。

如果這樣想，我們的思考就可以往前多走一步。因為如果你不往前多走一步，受損失的就是你自己。這是非常重要的邏輯。

我繼續開講：再如，你和你的同學合作完成一項任務，他做了一件很不好的事情，這時你應該想，都怪自己，為什麼要找一個這樣的隊友。

小米聽到這裡，哈哈笑起來。

我說：你的隊友也許不好，但如果你去罵他一頓，有用嗎？沒有用，因為你倆的合作結果不會改變。自己受損害，只能怪自己，也只有自己才能改變結果。

這次可以怪自己交友不慎，沒有多想一步，下次再找隊友時，一定要注意，什麼樣的不能找。一旦發生損失，應該怪誰呢？答案就是，這個結果會讓誰受損失，或者真正被影響，就該怪誰。如果是你受損害，只能怪你自己。

只有這麼思考，下一次才可能有好的結果。

面對損失的時候，你的第一反應是什麼？

哎呀，其實我的第一反應還是會去指責他人，因為面對損失我肯定會著急的。但是，我現在已經蠻不錯了，大概能在幾分鐘之內就冷靜下來，記著下次改。因為我發現指責別人是沒有用的，檢討自己，讓自己改進才可以規避損失。學校裡有一些同學，會因為不喜歡某個老師而不認真聽課，也不認真寫作業，最後成績不好，回家以後就很容易「見不到明天的太陽」了，哈哈。

你在生活中有沒有因為遭受損失而做出改變呢？

我剛剛想到一個自己的例子。例如，我做數學題，題目「陷阱」很多，導致我錯了一堆。於是，我就會怪出題老師，但這和老師有什麼關係呢？我埋怨老師，他還是會出這種題目呀。所以我要自己去適應這種題目，多做練習，審題的時間長一些，這樣才有用。

25 好鑽石？壞鑽石？
—— 每個時刻界定標準

有一次我送小米上學，在電梯裡看到世界盃的廣告，就問小米：你愛看足球嗎？他說不愛看。

我說：那正好，我也不愛看。但是，你有沒有發現一件很有趣的事情，足球比賽特別複雜。雙方場上各有 11 個人，加起來 22 個人，一個多小時的比賽，充滿了意外，譬如雙方你來我往，踢了很久，突然進球，所有人都歡呼雀躍，特別精彩。雖然我不愛看，但是能理解無限的可能性，和完全不知道下一秒會發生什麼所帶來的刺激。你注意到沒有，足球比賽過程高潮迭起，可判斷輸贏的標準卻非常簡單。

小米說：對呀，確實很簡單，就看有沒有進球，進了幾個球。

我說：對。能被稱為體育賽事的，都有一個相對簡單而清晰的標準，像足球，輸贏就是看進球的數量。

我問小米：你再想想，有沒有標準比較難訂的體育比賽。

他想一下說：有，如短跑。

我問他：短跑比賽中，有時候幾個人很接近，難以分辨先後，你說的是這個意思嗎？

他說：是的。

我說：短跑只是用肉眼比較難分辨，但如果用高速攝影機，一定可以知道誰跑得更快。「快慢」這個標準是非常明確的。

他表示同意。

我又問：那有沒有更複雜一點的呢？

他沒有想出來。

我便說：舉個例子，籃球就是。你想，正常的進球是兩分、罰球是一分，從遠處投進則是三分，規則不同，進球的分數就不一樣。這就有意思了：都是比分制，籃球背後的邏輯要複雜得多，因為除了「進球個數」這個標準之外，還加入另一個標準——難度。但籃球比賽依然有相對明確的標準，你再想想，還有沒有特別難以制定標準的運動，也出現在奧運會賽場上？

小米想了半天，沒想出來。

我跟他說：那我給你舉個例子，跳水。

小米「啊」了一聲說：我想了一圈，居然把跳水給忘了。

我說：是的，跳水就是更加複雜的運動。運動員撲通一聲跳進水中，誰跳得好，誰跳得差，有標準嗎？其實真的很難制定標準。但是，沒有標準，只有不同，比賽就沒有意義了，是比賽就一定要有好壞高低，所以就人為給它制定了一個標準。

首先是完成度，如空中 720 度轉體，翻滾，落水，透過水花來判斷運動員完成得怎麼樣。其次是難度，除了經典動作，有的選手還發明新動作，那就必須給動作打難度分數。那麼問題又來了，為什麼這個動作比那個動作難？於是大家又給「難度」本身制定了標準。標準裡面嵌套標準，就把一個非常難，甚至不可衡量的比賽，變得可衡量。

一個運動員準備了四年，終於來奧運會參加比賽，如果只差 0.1 分輸了，就很容易質疑規則。但現在有清楚的評判標準，大家就心服口服。標準的制定對比賽來說特別重要。如果關注奧運會、世界足賽，就會發現，比賽背後有一套特別複雜的學問，今天我們討論的，就是制定標準的學問。聊到這裡，我要拉回來談一談商業了。

小米說：我剛才就在想，你到底拉回來講什麼，終於要講商業了。

是的。譬如說，我們路過的那家紅木家具城，紅木家具的好壞很難評價，玉、蜜蠟、寶石、茶葉的好壞也很難說清。為什麼呢？因為它們不像比賽那樣有明確的標準。沒有標準，就很難說好壞，只能說不同，所以市場魚龍混雜，特別混亂。

但同樣在這個行業，有一個品項卻做得特別好，那就是鑽石。鑽石跟黃金不同，黃金只要保持純度，剩下的只有重量的差別。而鑽石是一塊透明的石頭，好壞特別難判斷，但聰明人專門為它制定了鑑定標準，簡稱 4C：CARAT（克拉，也就是重量）、COLOR（色澤）、CLARITY（透明度）、CUT（切工）。一旦確定標準，就可以給鑽石的好壞排序，依據優劣來訂定價格。所以，非常難制定標準的行業，如果制定了標準，就可以讓市場更有規範。

最後我又把問題昇華了，問小米：人的好壞有標準嗎？

他說：沒有。

我說：是的。人的好壞沒有標準，即使有標準，也相當複雜，因為人本身就是特別複雜的。

小米感慨地說：是啊，人太複雜了。

我接著說：但是你要記住，如果能在心中梳理和提煉出一套評價人好壞的標準與原則，你就會知道應該與哪些人交往，如何與他人相處。要與符合標準，甚至高於標準的人打交道、共事。

你覺得標準是越細越好嗎？

嗯……我覺得在衡量價值的時候，標準當然是越細越好，這樣才可以儘量公平。但是，公平和效率是相對的，越公平，效率就越低，因為需要花很多時間去按標準來衡量價值。但是如果不需要這麼做，那麼標準就不用訂得那麼繁複了。像在學校裡交朋友就沒有標準，人太複雜了，而且以後也會變，你認為自己能和這個人相處得來就可以了。

你有雙重標準嗎？

我覺得自己還是有雙重標準的。前面講「雞蛋效應」的時候也說過，如果是自己付出勞動去做一件事情，就算效果沒有那麼好，我也會把它的價值衡量得很高。對於別人做出的東西，可能我們的成品都一樣，但我就會覺得價值沒有自己的高，這個應該就是我的雙重標準了。

26 共享單車愈多是好事還是壞事——辯證思維

早上我送小米上學，看到路邊有很多共享單車，便問他：路上這麼多共享單車，你覺得是好事還是壞事？我這樣提問，是想和他討論「辯證思維」。

小米回答：這要看用什麼標準。

我一聽，心想，這小子不錯嘛。

我說：很好，看一件事是好事還是壞事，要看標準和角度到底是什麼。

我建議小米說說從哪個角度來看是好事，從哪個角度來看是壞事。

小米說：從方便使用的角度來看是好事，因為有很多單車，大家騎起來很方便。但有時感覺很亂，導致城市不如之前簡潔美觀。

我說：非常好，是否還有其他角度呢？

他說：有。從供給角度來說，供大於求，需求總是能夠被滿足。反過來說，壞處就是經營單車的公司需要大量投資，甚至造成浪費。

非常棒。車子多，選擇面廣，對於需求方來說是好事，但對於供給方來說，會造成投資的增加和浪費，這就成了壞事。判斷任何一件事的好壞，很重要的前提是從什麼角度看，以及對誰來說。

我說：我再提供一個角度。共享單車帶來了很多就業機會，員工製造車、安放車，從這點來看，對百姓是好事。反過來說，是否也是壞事呢？

小米說：是的，給公司帶來了管理問題，不容易做得好。

我說：對，會給管理帶來巨大的挑戰。

站在左邊看是這樣，站在右邊看是另外的樣子；對這些人是這樣，對另一些人卻是那樣。只有辯證地考慮問題，才能想得更全面。

你在生活中是如何運用辯證思維的？

我最近在寫一些作文，是關於事情都有兩面性的。譬如說，我從一個角度看我的某個隊友，他一直在偷懶，也不關心活動進度。但是，用另外一個角度來看，我發現他的觀察能力非常強，我們一直都沒有注意到。他在另外一個活動中，幫我們找到很多東西。所以說一個人是好還是壞，要看具體事例，他有擅長的地方，也有不擅長的地方，要從不同角度去看。

27 手語也是語言

── 語言跨越空間，文字跨越時間

有一年暑假，我帶小米去南美洲亞馬遜叢林旅行，同行的還有一個小男孩，我是他的私人老師。

飛機上，兩個小朋友在一起玩得特別開心，我趁機問了他們一個問題：你們看，我們這次旅行去了祕魯，這個國家有個非常重要的文明，就是印加文明。印加文明很特別，一直都沒有文字，只有語言，也就是說，人們只會說話，不會寫字。那麼，到底什麼叫文字，什麼叫語言，兩者有什麼區別呢？

我想透過這個問題，來訓練一下兩個小朋友的思維，他們想了半天，表達了各自的觀點，最後爭論起來。

我說：你們達成共識後，再跟我說。

他們討論了半天，最終達成共識：語言是有特定意義的聲音，而文字是有特定意義的符號。

我很驚訝，也很讚賞。小米10歲，另一個小朋友12歲，他們能夠透過討論，達成共識，並且用語言清晰地總結出來，非常好。

但是，我覺得他們的總結還不夠完全，因為我想透過這件事，訓練他們準確地組織語言、闡述表達的能力，所以我增加了挑戰難度，問他們：真的是這樣嗎？你們有沒有見過手語？聾啞人士之間是透過手勢來溝通的，那麼手勢是語言還是文字呢？他們想了半天，達成共識：手勢應該是語言。

我說：很好，但你們剛才說了，語言是有特定意義的聲音，那麼問題來了，手勢是聲音嗎？

他們齊聲說：當然不是。然後立刻開始思考，剛才的歸納好像不對。

我接著問：再想想看，手勢是一種特定的語言，不是透過聲音，而是透過視覺訊號來傳遞的。還有什麼語言是透過視覺訊號傳遞的呢？

他們撓頭想了半天，說：旗語。

我說：對。什麼叫旗語？例如兩艘輪船在航行中相遇，透過揮動旗子，向對方傳達訊息。繼續想想，還有什麼是透過視覺訊號來傳遞訊息的？

他們迅速答道：燈！燈光！透過燈光來傳遞訊息。

我說：沒錯。還有什麼呢？狼煙也是。古代邊防士兵發現敵情，會馬上在烽火台上點燃煙火，向遠處的同伴傳遞訊息。它們都不是具有特定意義的聲音，但也是一種語言。

他們立刻打開了思路：我們再想想看。

我問：有沒有什麼東西，是透過聲音和視覺之外的方式傳遞訊息的，像是觸覺？

一想真有。

螞蟻透過兩個觸角相碰來傳遞訊息，這就是觸覺傳遞。所以，語言不一定是聲音，你們的定義聽起來非常專業，但一開始的大框架就錯了。如果聲音、視覺、觸覺都能溝通表達，那麼，到底什麼叫語言？它和文字有什麼區別？

他們開始繼續往本質的方向冥思苦想，相信這次訓練，能夠讓他們對概念，擁有非常準確的掌控力。

他們思考的過程，也是給「語言」這個概念下定義的過程。

「定義」是什麼意思？「定義」就是給概念確定一個內涵，而內涵又包括了概念的外延。

例如「小學生」這個概念，它的內涵就是「小學」，外延是 1 億人。

再如「小學三年級學生」，這個概念的內涵包括「小學」「三年級學生」，外延反而小了，可能只有 1,700 萬人。

又如「小學三年級男學生」，內涵更多了，包括「小學」「三年級學生」「男生」，但外延就更小了，可能只有 850 萬人。

所以，內涵越豐富，外延越小，內涵和外延加在一起，指明一個概念。他們剛才定義「語言」這個概念的時候，只想到了「聲音」這個內涵，但我說的「手語」這個外延，明顯沒有包含在「聲音」這個內涵裡。

兩個小朋友越討論越覺得有意思，最後他們又達成了一個共識：語言是兩個人用來即時溝通的工具，見面就能聊；文字是可以跨越時間傳播的。所以他們給語言和文字重新下了一個定義：語言是跨越空間的，文字是跨越時間的。

相信很多成年人，也未必能夠對「語言」和「文字」有這麼深刻的理解。那麼，語言是跨越空間的，文字是跨越時間的，這句話又是什麼意思呢？

縱觀世界，幾乎沒有語言從古代一直流傳至今，留存下來的幾乎都是文字。為什麼？因為語言只能口口相傳，從一個人傳給另一個人，是跨越空間的傳遞，但文字不依賴於人，而是依賴於某種載體。所以，當一代人消亡，語言無法傳遞時，文字依然能夠跨越時間，透過載體傳遞給下一代。簡單來說，語言是從一個人到另一個人，而文字是從一段時間到另一段時間。

我對他們說：非常好。但是，這種方式不叫定義，而是詮釋。詮釋的意思是解釋概念，如語言和文字可以做什麼。它其實講的是作用。如果給一個概念下定義的話，應該講明白它包含的內涵。你們覺得應該如何表達語言和文字的內涵呢？

兩位小朋友想了半天說：語言是一種同步傳遞訊息的工具，而文字是非同步傳遞訊息的工具。

我說：太棒了，你們終於又往前走了一步。

這句話是什麼意思呢？不管是人還是動物，無論是透過聲音、觸覺還是視覺等任何一種方式，語言都是同步傳遞的，傳遞的雙方必須同時存在於一個時間，才能溝通。

而傳遞文字的雙方不需要在同一時間，你可以先表達，之後我再接受，甚至你在 100 年前表達，我在 100 年後接受都是可以的，這就叫非同步。

我很高興，他們終於找到一個可能更加接近本質的定義了。

你和外國人交流的時候，通常是說英語還是比手勢？

我去外國之前已經學過英語了，所以直接用英語交流。説英語比比手勢更準確，譬如有一輛白色的車，語言可以明確地説清楚，但是用手勢很難表達。當我指向它的時候，雖然方向很明確，但是意義很模糊。別人不知道我是在説它的品牌、型號還是顏色，很難理解真正的意思。

談談你對「下定義」的理解？

如果沒有「定義」，就無法談論任何事情。下定義讓事情變得更簡單。像辯論的時候，需要根據辯題對關鍵字下定義，讓詞語的內涵擴大、外延縮小到辯者需要的範圍，以免被對方辯士誤導。

28

目標第一名

——取乎其上，得乎其中

有天晚上，小米興奮地手舞足蹈，說有一部特別想看的動畫片，邀我陪著他一起看完。我瞄了下時間，眉頭稍皺，剛欲拒絕，他立刻可憐兮兮地看著我，緊盯著我的眼睛，眼神充滿了希冀和渴求。

我點了點頭，無奈地說道：小米，今天已經很晚了，爸爸可以陪你看，但你也要答應爸爸一件事，明天早上不准賴床。

他拚命點頭，一邊高興地緊緊抓住我的手，一邊飛速打開電視機。

第二天早上 7 點整，鬧鐘準時響起，我立刻叫醒小米。他睡眼惺忪，驚訝地問道：不是 7 點 10 分嗎？以前講過最晚不能賴到 7 點 10 分。然後不情願地從床上爬起來。

我愣了一下，心想，是時候跟他聊聊「三個目標」的話題了。

在送小米上學的路上，我跟他說：今天我想和你聊的話題是「三個目標」。前一段時間我去走戈壁的時候，大部分人的體能屬於中等水準，大概需要 6 個小時走完全程。有的人體能差，走得比較慢，但是風景區又不能一直等他們，所以設置了一條「關門線」：如果 8 個小時還沒走完全程，就會關門了。「關門線」的意思就是，如果連這都沒做到的話，這件事就算失敗了。

很多人在走戈壁的時候，知道最差不能慢於「關門線」，但這並不是他們的真正目標。有些人體能特別好，他的目標是一定要成為第一名，4 個小時走完全程。

這個時候，三個目標出現了。第一個目標：最高目標，我要成為第一名，一定要 4 個小時走完全程。

第二個目標：中間目標，我不能落後，大概 6 個小時走完全程。

第三個目標：底線目標，不能晚於關門線，超過 8 小時等於挑戰失敗。

通常做事情的時候，我們心裡都有三個目標，你不能把最差的那條線作為目標，否則稍有不慎，就會面臨失敗。聰明人會把最高的線作為目標，最後可能會達到中間的結果。古人云：取乎其上，得乎其中；取乎其中，得乎其下；取乎其下，則無所得矣。

然後我問小米：你知道為什麼我今天跟你講這個嗎？

小米笑笑說：你是要跟我講效率？

我說：不是。今天早上，你說你要 7 點整起床。但最後，你 7 點 05 分才起床。現在我們快走到學校了，等我們走到學校，大概是 8 點 10 分。

這也就意味著，如果你按最低目標 7 點 10 分起床，我們可能會在 8 點 15 分到學校，已經遲到了。退一步說，萬一在路上遇到問題呢？像碰到紅燈，沒有找捷徑走小路，或者今天走得比較慢，這些都會造成風險。

當你把最底線的目標作為最終目標時，就經不得任何一點風險。一有風吹草動，都可能導致失敗。所以，不論做什麼事，都不能把最低目標作為你的目標。

再舉一個例子。過兩天我要去登山，需要帶睡袋，睡袋上面有溫標，即溫度的標誌。我的睡袋溫標是攝氏零下 10 度到零下 20 度，也就是說，在這個溫度區間，可以使用這個睡袋。

爬山前，我了解了一下，山裡夜晚的溫度是攝氏零下 20 度，那這個時候，我就不能用這個睡袋了，不然一定會被凍得瑟瑟發抖。因為攝氏零下 20 度是這個睡袋的極限溫標，選擇溫標為攝氏零下 15 度到零下 25 度的睡袋，才會正好舒適。

所謂極限溫標，就是當你全身蜷縮在睡袋裡面，並保持乾燥的情況下，人能夠維持最低生存狀態時的溫度。萬一到時候睡袋濕了，或者沒有很好的地墊，地上很涼，那我就有可能被凍著，或者遇到其他一些問題。

所以，當我們把自己卡在最低限度去做事時，就無法承受任何風險。即使能夠承受風險，也會覺得特別不舒適，甚至付出生命的代價。一定要把目標訂為最高目標，取其上而得其中。

同樣的道理，千萬不要把最後期限作為目標。像考試的時候，如果最後一分鐘才做完題目，交考卷時發現前面居然有道題忘記作答，就完全來不及了。所以一定要把提前 30 分鐘做完所有題目，當作考試的目標之一。哪怕提前 15 分鐘完成，也有迴旋的餘地。

凡事都有三個目標：最高目標、中間目標和最低目標。通常的做法應該是：心中裝有最高目標，朝這個目標努力。

也許天有不測風雲，你只達到中間目標，但無論如何都不會低於最低目標。如果心中沒有裝著最高目標，卻得到最好的結果，就應該明白那只是運氣。運氣不會始終降臨在你身上，如果以最低目標為目標，你面臨的終將是失敗。

對於這節內容，你有什麼想跟讀者分享的嗎？

嗯……先舉一個對我來說，不是那麼友好的例子吧。我們家離學校非常近，走路只要 5 分鐘就可以。但我上學都是 7：55 才出門，就卡著這 5 分鐘，所以會遲到。最近比較少遲到，是因為我卡得非常精準，哈哈。但是只要稍微有點偏差就遲到了，這是我需要改進的地方。

你有什麼建議給讀者朋友呢？

不要像我一樣卡點才出門，不要壓著最後期限去做事情，很容易就會超過時限。嗯……有一種方法我以前用過，就是給自己設定另外一條最後期限。譬如說需要 8 點整到校，那麼你可以給自己設定，要在 7 點 50 分之前到校，就相當於所有的事情都是為了 7 點 50 分而準備，這樣就有 10 分鐘的緩衝時間。你可以到學校再看書，到學校再睡覺，這樣就很棒。只不過我最近一直沒有去用這個方法。

29 找到運氣背後的演算法
—— 機率思維

小米正在學程式設計。我覺得學程式設計特別重要，並且建議所有家長，讓孩子從幼稚園（最晚小學）就開始學習圍棋和程式設計。

學圍棋，可以訓練面對未來的博弈思維，這是一種加上時間軸的戰略思考能力；學程式設計，可以訓練搭建系統架構的能力，這是一種基於信仰規律的系統思考能力。

我從小學三年級，也就是 9 歲開始學程式設計。小米從幼稚園就開始學程式設計，到小學四年級的時候，他已經開始參加資訊學奧林匹克競賽了。

從畫畫到簡單的語言，再到現在用 C++ 程式設計，可以說，小米是一個真正的程式設計學習者。

有一天，在送小米上學的路上，他說：我在學程式設計的時候遇到一個問題，有個函數叫 random，英文的意思就是「隨機」。用 random() 函數可以生成亂數。但亂數是怎麼生成的呢？他能這麼想，我覺得眼前一亮。

我跟他說：這個問題，其實在我學程式設計時也遇到過。我甚至做過一些測試，當時電腦很老舊，如果把兩台電腦關機再開機，然後同時使用 random() 函數，生成的確實是一組看上去很隨機的數字。

但這兩台電腦生成的亂數是完全一樣的，數字一樣，順序也一樣。從一台電腦看，好像是亂數，但兩台電腦對比來看，就會發現，它生成的並不是真正的亂數，背後一定有邏輯，有規律。為什麼？

我給他舉了一個例子。例如銀行密碼，銀行為了防止你的帳戶被別人盜用，當你在網路上登入系統的時候，會發給你一個驗證碼。驗證碼是6個數字，每10秒鐘，數字就會改變。這6個數字其實就是亂數。只有在輸入用戶名和密碼時，同時輸入驗證碼的6個數字，才能登進去。

驗證碼的作用，就是保證只有拿著驗證碼的人才能登入，所以這是很重要的亂數。驗證碼是不是真隨機，這點非常重要。如果只是看上去隨機，或者演算法遭到洩露，那麼你的帳戶的安全性，甚至整個銀行的安全性，都會受到特別大的影響。

再舉一個例子，生活中很常見的擲骰子。擲一個骰子，擲出來的是3、5，還是6，會受很多因素影響。如擲骰子的力度，空氣阻力，骰子的大小、形狀和油漆深淺，落下來的地方是否平整，落地後是否彈起來……這些因素皆能很微妙地影響擲骰子的結果，最後擲出哪個數字，幾乎是無法控制的。假如把擲骰子理解為一個演算法，那麼這個演算法的過程，幾乎是不可模擬的。所以擲骰子是真隨機。

對應到人，在日常生活中，我們可以從中學到什麼呢？

當你理解真隨機、假隨機的概念之後，就會知道，有時看到別人獲得成功，或者做對一件事，人們會說他是靠運氣。這個運氣的本質，去掉情緒化色彩，其實就是機率，帶有正向情緒的機率。

但是，產生運氣，得到正確結果的過程，到底是簡單演算法，還是複雜演算法呢？如果是簡單演算法，那麼別人這麼做，也可以產生相同的結果。如果完全是不可控的複雜演算法，那就是運氣了。

如果一個人的成功要素，是他完全無法控制的，就是真運氣。假使是透過一些策略、努力或資源，最終獲得成功，那麼，成功的背後其實有一套演算法，這就是假運氣、真努力。

看一個人的成功，一定要了解他是真運氣還是真努力，背後有沒有他人可以學習的演算法。**所謂的獲得成功，就是找到看似運氣背後的那套真正的演算法。**

這就叫作「機率思維」。

你向讀者們介紹一下機率思維吧？

OK。我了解的機率思維，就是持續地把一件事情做很多遍，然後就能總結出規律，會有更大的機率得到一個好的結果。像是如果你總結出老師的出題規律，發現他出的題目答案經常是 B，那麼你就可以在不會的題目上多選 B，或者多去關注這個選項，看有沒有更大的可能性是正確答案，這樣就有較高機率在你不太會的情況下答對。

機率思維對你的學習生活有什麼幫助？

幫助就是考試的時候，可以靠這個拿更多分，哈哈，好像不太可靠。其他方面，譬如說打籃球，已經有人總結出一套容易投進的方法，就是三個 90°（一種投籃姿勢），如果按照這個去做，就有更大機率能投進。還有就是學習機率後就會知道，在我們現在這個年齡，學習明顯是比玩遊戲成功機率更大的事情，會讓我們有更高機率去找到一個好的工作，能買更多零食吃。

30 飛機為什麼能飛
—— 第一原理

一天，送小米上學的路上，我問小米：今天你有什麼想跟我聊的？

他認真地想了想，問：一個東西，如何才能懸浮在空中？

這個問題的可能性很多，我想從最本質的邏輯說起，順便聊一聊「第一原理」。

為什麼要講「第一原理」？因為讓一個東西懸浮在空中的可能性實在太多了，必須從最原始的邏輯出發，逐步推導出足夠多的可能性，而不是東一棒西一槌。你永遠無法窮盡一件事情的所有可能性。

我問小米：一個東西懸浮在空中的基本原理是什麼？

小米當時剛上小學四年級，還沒有學過物理，不過他平常就很喜歡閱讀科普書，我想他應該答得出來，所以耐心地等待他的答案。

他想了想說：一個東西能懸浮在空中，我猜是因為它受到的向下重力和向上浮力正好一樣，兩者處於平衡狀態。

我很驚訝，頗有興趣地問他：那一個東西懸浮在空中的基本原理是什麼呢？先不要管那些你突然想到的方法，把方法論放在一邊，我們要先理解邏輯，理解它的基礎理論。

小米很疑惑，問為什麼。

因為人很容易想到的是經驗、方法論。但是，經驗、方法論在一些特殊情況下，可能是失效的。如一些企業跟對了時代的浪潮，規模做大之後，創業者往往把創業的成功經驗，在內部推而廣之，很容易將原來具有局限性的經驗、方法論，當作某種必然規律，從而做出災難性的決策，摔倒在轉型的路上。

所以，真正的學習，一定要認真學習基礎的理論。很多人對理論嗤之以鼻，覺得無趣且枯燥，那是因為他們不會用。等明白理論原理的重要性時，往往悔之晚矣。

我們接著往下想。哪些情況下，向上的力和向下的力相等呢？我再舉個例子，如浮力。氣球能在空中飄浮，是因為浮力正好等於向下的重力。

在力學中，基本的力只有四種，並沒有「浮力」，但是我想對於沒有學過物理的小學生來說，這有點難了，因此不打算跟小米深入聊這個話題，另舉了一個飛機的例子。飛機在空中飛時，並不會往下落，而是一直往前飛。為什麼飛機能夠懸浮在空中，且保持高度不變？

小米想了一會兒說：因為機翼？

不錯，以前的書沒有白看。飛機能夠懸浮在空中，並且向前飛，是因為螺旋槳或噴氣動力，但飛機能夠高度不變，確實是因為機翼。為什麼？飛機的機翼從側面看是有弧度的，上面弧度的線條總長度比下面弧度的線條總長度要長。所以空氣穿過機翼的時候，下面的空氣會最先到達終點，而上面的空氣會晚一點到達，這個時候就產生了推力。我們稱之為空氣動力學。

小傢伙聽得似懂非懂，我帶著他一步步往下思考，舉了很多例子。快到校門口時，我問小米：你看，今天我們思考的問題，是從它的第一原理出發的，對不對？一個東西要懸浮，核心邏輯是向下的重力和向上的作用力正好相互抵消。從這個地方出發，去想到底哪些力量可以跟重力相抵消，就可以想出足夠多的場景，這就叫作「從理論到實踐」。

思考任何問題，都要從經驗中提煉出本質，然後從本質回到方法論。只有這樣，才不會把那些曾經成功卻固化，和有局限性的實踐經驗，當作必然規律。

面對問題，你喜歡追根究柢嗎？

我會啊。我覺得遇到一個問題，並且去追根究柢的時候，其實也算是累積知識的過程。這個過程會幫助你了解新的東西，然後可以把它們連接起來。所以我覺得這是很有趣的，這種能把所有東西連起來的感覺特別開心。

方法論
經驗
本質

第 4 章

協作

沒有人是一座孤島

31 先解決大問題

—— 二八定理

周末我正好在家，小米沮喪地來找我。因為他發現周末的作業很多，他總是寫不完，沒什麼時間去玩。他向我求助，有什麼辦法可以把作業快點寫完。

我很高興他向我求助，決定跟他聊聊「效率」的話題。

我說：你告訴我，你寫不完的，主要是什麼作業？

他說：主要是兩個作業。一個是摘抄句子，如摘抄描寫春天的好句子，三行以上的句子算一個，每天要摘抄七個；另一個是寫一篇作文。

我一聽，覺得這確實是兩個量比較大的作業，就問他：

這兩個作業大概要占用你多少時間呢？

他說：摘抄大概要用一個半小時，寫作文大概要用一個小時。

我特別驚訝，本以為寫作文比較花時間，摘抄這個事情怎麼會花這麼多時間呢？我立刻敏感地意識到，這裡面有方法論的問題。

我對小米說：那我們今天就來解決這個問題吧。要解決這個問題，有一個很重要的原則，叫作「柏拉圖法則」，俗稱「二八定理」，我們要發現到底是什麼原因導致主要的差異，處理好這個原因，就可以解決大部分問題。現在，摘抄是你最花時間的作業，我們就從摘抄上想辦法。

我接著說：可是，我很難理解，為什麼摘抄要花這麼長的時間呢？你可不可以分解一下你的時間，看看都花在哪裡了？

原來，他需要從一本有很多篇文章的書裡面，找出描寫春天的句子，並抄寫下來。他的辦法是按照文章的順序翻過去，邊翻邊找。光翻和找，他就花了 50 分鐘。然後抄寫要花 40 分鐘，所以，完成這項作業需要一個半小時。

我說：在這裡面，翻找花的時間比較長，我們一起來看看有什麼問題。這 50 分鐘的翻和找，你是怎麼做的？

他說：一個故事一個故事讀啊，邊讀邊找。所以，他其實是花了 50 分鐘讀書。

我找到問題所在了，對他說：讀書是一件好事，但是你要知道任務的優先順序是什麼。你現在的任務是找句子，就要把讀書這件事先緩一緩。找句子更有效的方法是什麼？看目錄。

我把這本書拿起來，跟小米一起看。這本書很厚，有兩百多篇文章。我說：你看，這篇文章的標題是「春遊」，裡面肯定有描寫春天的句子，那篇文章看標題「我愛春天」，也可能有描繪春天的語句。所以，我們可以先看目錄，找到跟春天有關的 7 個標題，然後在這些文章裡面找句子。這個辦法會不會快一點？

小米開始翻目錄，果然很快，只花 10 分鐘就找到了 7 篇文章。然後我說：你先翻到第一篇文章，快速瀏覽，找找描寫春天的句子在哪裡。他果然找到一句寫得非常不錯的。這時，我說：你現在就把它抄下來。之前你是全部找到之後，再一篇一篇翻到找好的文章，讀一遍再抄，現在邊找邊抄，是不是又節約了很多時間呢？

按照這個方法，整個摘抄作業做完，只用了 40 分鐘。

最後，我總結說：**我們今天學的是柏拉圖法則，解決問題的時候，要有優先順序，先解決大問題。解決了大問題，就能快速地提升效率。**

今天的問題要開始了，你覺得什麼是柏拉圖法則？

柏拉圖法則最重要的就是抓大放小，找到最重要的事情優先去做。它是一種方法，如果你按照這個方法去做事情，就可以得到最高的性價比（俗稱 CP 值），用最短的時間來完成你的目標。也就是說，如果你找到總任務中那20%的關鍵部分，那麼它就可能帶來任務中80%的收益，性價比很高。

柏拉圖法則適用於什麼情況？

就像這篇提到的例子那樣，我最重要的事情就是把文字摘抄下來，然後完成作業。我不否認讀書非常重要，但這是需要前提的。當我必須完成作業，時間特別緊張的時候，如果還一字一句地去讀書，反而是在浪費時間，性價比非常低。這種情況下就要利用柏拉圖法則，儘快完成作業。

32 一千棵樹有一千種綠

—— 事實與觀點

上學路上，我和小米又聊了一個話題：看起來很講道理、很好的人，為什麼也會與他人發生爭吵呢？

小米說：因為大家對事實和觀點有不同的看法。

事實是已經發生的事情，而觀點是對問題的主觀看法。所以事實有真假，觀點無對錯，這是我經常和小米說的話。

我說：非常棒，但是今天我要跟你說說另外一種可能性。發生爭吵，是因為大家爭吵的可能並不是同一個東西。

你看，人類相對於其他動物來說，一個非常重要的特徵，就是發明了語言。語言很了不起，可以讓人與人之間非常有效地溝通。假如我說「把蘋果拿過來」，因為人類幫蘋果起了名字，規定了「拿過來」的動作，並且大家約定俗成，所以對方很清楚我說的是什麼。如果沒有語言，我可能比劃了半天，對方依然不明白。

正是因為有了語言，隨之產生「爭吵」這件事，或者說，爭吵發生得更加頻繁。因為語言是有「缺陷」的。

看到小米有些困惑，我進一步解釋道：這個世界上的東西是無限的，但語言是有限的。

如我們說「綠色」。道路兩旁的樹是綠色的，有一些樹的綠色深一點，有一些樹的綠色淺一點。那麼問題來了，它們是否都叫綠色？這三種綠色，你如何透過語言，來告訴別人它們之間的差別？你可以簡單地說「深一點」或者「淺一點」，但是，如果同時有十七八種樹，綠色各不相同，估計你是無法講清楚的。

因此，你會發現，世界上物體的顏色、形狀等是無限多樣的，但語言是有限的，它們並不是一一對應的關係。

我們常用的英文單字可能不到四千個，中文常用的詞彙是幾萬個。語言少，萬物多，再加上人腦記憶的有限性，為了表述方便，導致我們需要用同樣的詞表示很多不同的概念，這就是語言的「缺陷」。

人與人之間的爭吵，很多時候就來自語言的「缺陷」。大家都是按照自己對概念的理解與別人交流，然後因理解的不同而爭吵。

例如，什麼叫成功？得到物質，收穫快樂，還是幫助別人？每個人有不同的理解。遇到這種情況，我們應該怎麼辦呢？

在爭吵之前，我們要對同一個概念形成一致的理解。

如果你和同學因為誰更勝任班長而爭吵起來。這時，你可以問問，他對「勝任」的定義是什麼。只有對概念保持統一的認識，之後的討論才有意義。

我很喜歡辯論，大學期間，在學校組織的辯論賽中，我還獲得過「最佳辯士」的稱號。我和小米都很喜歡看《奇葩說》（說話達人選秀節目）。我問小米：為什麼左邊辯士和右邊辯士，即使觀點相反，你仍覺得雙方都有道理呢？因為有的時候，他們辯論的根本不是同一個概念。

每個人都對概念進行了重新定義，然後在他的定義之下陳述觀點和論據。反方也同樣如此。你覺得他們是在辯論，但他們並沒有真正辯論過，因為他們沒有在同一個概念之下，展開實質的爭論，只不過把一個名稱用十幾種概念來表述，所以，這不是真正的辯論，而是表演。

在辯論賽中，表演是可以的，但在生活中，一定要問清楚對方對概念的確切理解，然後再開始後面的討論，這才是真正有意義的。

你在生活中，有沒有發生過事實與觀點這方面的衝突？

我大概在五年級之前，經常會和別人發生這種爭吵。大家都不知道各自在吵什麼，然後就覺得自己是對的，認為對方講的很奇怪。後來才發現我們吵的其實是不同的東西。之後為了避免這種尷尬的情況，我們每次吵架的時候，都會刻意去問清楚別人在說什麼東西，後來就很少發生這種狀況了。

你現在覺得事實和觀點哪個更重要？

我覺得事實更重要。不是說觀點不重要，而是事實比觀點更重要一些。因為如果脫離了事實，那觀點也沒有用啊。我是這麼看的：如果已經有一個事實在這裡，那麼不論你有什麼樣的觀點，也沒有辦法改變事實，所以事實比觀點更重要。

33 三思而後「問」——想清楚再問

什麼是 think before ask（想清楚再問）呢？意思是在問之前，要先認真地想一想。

這是一個理念，不是一個方法論，沒有什麼步驟，理論上一句話就可以說清楚了。如何跟小米交流這個話題背後的道理呢？

我對小米說：我們都想一想，哪些事是需要 think before ask 的，你舉一個例子，我舉一個例子，我們輪流來說。

小米首先說：找東西應該 think before ask。如早上起床後，先想一想東西在哪裡，而不是張嘴就問「我的衣服在哪裡」、「紅領巾在哪裡」、「手錶在哪裡」。要先想想它可能會在哪裡，然後找找看。

我說：說得很好，那我也來舉個例子。譬如說解題，我到底是把這個語句放在循環裡面，還是循環外面呢？（小米在學程式設計。）這就叫 ask。在問別人之前，這件事得先自己想想，先有自己的觀點。你覺得應該放在裡面，但又有點不確定，放在外面好像也有道理，所以你想問，到底應該放在哪裡。這就叫 think before ask。

你看，你還是可以問，但問之前已經先思考過了。這個時候再問，你得到的是，透過別人的思考方式驗證、糾正你的思考方式，而不只是答案。

我說：這是第二個。那第三個呢？小米，又該你想了。

小米想了一下說：問怎麼辦的時候應該 think before ask，像是上學要遲到了怎麼辦。

我說：這是個很好的例子，那在 ask 之前，你要怎麼

think 呢？

他說：我應該先想一想有哪些方案，例如說走快一點，以後早點起床。

我說：非常好，還有沒有呢？

他想了一會兒，沒想出來。

我說：沒關係，那就這兩個。一個是走得快一點，另一個是以後早一點起床。我們把它們叫什麼呢？ solution（解決方案）。當你先 think，再來 ask 怎麼辦的時候，已經對這個問題有了深入的思考。

你看，我們彼此舉的三個例子都很好：

第一個是找東西，先 think，think 帶來了 action（行動），行動之後再 ask。

第二個是解題，先 think，think 帶來了 opinion（觀點），有了觀點後再 ask。

第三個是上學要遲到了怎麼辦，先 think，think 帶來了 solution（方案），得到解決方案後再 ask。

在 think 和 ask 之間，多出了 action、opinion、solution，這就鍛鍊了你思考和獲得答案的能力。如果僅僅是 ask，就只能獲得答案。

關於「想清楚再問」這一點，你有什麼感受嗎？

我的感受就是，「想清楚」非常重要。如果想要變得更優秀，那麼當你問問題的時候，就要自己先想一想。你可以在思考的過程中，想到雜七雜八的東西。等你再去問的時候，就很有可能把很多事物都聯繫起來，這是非常重要的，可以鍛鍊思維能力。如果實在想不明白，再去問別人。但是也不要得到一個答案就走，仍要聽聽別人是怎麼得到這個答案的，學習一下他的思考過程，這樣就更棒了。

你是經常被問問題的人，還是經常提問題的人呢？你覺得哪一種對自己的成長更有幫助？

我很少需要問我的小夥伴們，反而他們會經常問我，尤其是理科的知識，好開心呀。我覺得幫人解答對我更有幫助。我是知識面相對比較廣的人，但是我的表達能力比較差。幫別人解答的時候，我經常覺得自己欠缺表達能力，有時別人會聽不懂。所以我覺得多回答問題，可以鍛鍊自己這方面的能力。現在我回答這些問題，也是在鍛鍊表達能力。

34 渾身是鐵能打幾根釘

—— 讓每個人做自己該做的事

有一天晚上，小米找我幫忙看看他做的一套 PPT。下周他和另外三個同學要在新年慶祝會中，一起做一場關於新年習俗的演講，小米很認真地做了這套 PPT。

我看完之後，覺得非常不錯。他一開始介紹了什麼是新年習俗，然後介紹維吾爾族、漢族、藏族的習俗，每個習俗兩頁，講得很清楚。接下來還有提問和發獎，最後是感謝語，做得有模有樣。

看完後，我問他有什麼問題，他說不知道該怎麼講，我就跟他一起瀏覽了一遍 PPT，討論了一下怎麼講。他又問四個人應該如何分工，我們就一起研究了分工問題。然後，又仔細復習一次他要講的部分。最後，他說要去告訴另外三個同學怎麼講。

我說：另外三個同學應該怎麼講，你不用一字一句告訴他們，你只需要把內容說清楚，讓他們自己來組織語言，就跟你組織自己的語言是一樣的。

小米擔心地說：他們可能不會講，或者沒有時間準備，我得幫他們準備好。

聽到這兒，我覺得有必要跟他聊一聊「管理」這個話題。

小米正在協調和統籌下周四個同學一起演講這件事，這實際上就相當於「管理」一個專案。他蒐集了要講的內容，想好了 PPT 的邏輯結構，並且完成了 PPT 及分工。他甚至還想把每個人要講的話都寫好，讓他們照著做。

我說：這就不對了，為什麼呢？因為此非一個管理者應該做的事情。管理的目的是透過大家共同的努力，達到想要的結果，而不是幫每個成員做他自己本來應該做的事情。你的工作是確保結果達到預期。

小米說：可是他們沒有時間怎麼辦？講不出來怎麼辦？如果愣在台上，講不下去怎麼辦？

小米遇到的問題，跟很多初級管理者一樣：總覺得別人做得不如自己好，想幫別人把所有事都做了。

我說：那我們試試這樣，你把 PPT 列印出來，明天早上到學校分給他們，讓他們利用課間休息時間看一下。上午一共四堂課，三個休息時間共 30 分鐘，足夠他們看完自己要講的部分了，PPT 已經把內容寫得很詳細了。

到了中午（他們在學校用餐，下午接著上課），你們四個人聚在一起把 PPT 過一遍，這個時候你不用教他們怎麼講，請大家根據 PPT 的內容自己來敘述。一個同學在講的時候，假使有講得不好的地方，另外三個同學可以給他一些建議。講完之後，如果覺得不錯，就彼此鼓勵，然後第二個同學繼續講。

四個人的演講一共 10 分鐘，每個人只有 2 分鐘左右，加上糾正的時間不會超過 5 分鐘，四個人總共花 20 分鐘，中午的時間就夠了。

練習結束之後，每個人都用自己的方式把語言組織一下，各自琢磨，下周大家再一起過一遍，就可以上台演講了。

正式演講時，你作為管理者，萬一有同學講得不夠好或卡住了，你可以在台上簡單提示一下，但是只有他自己認真準備過了，才能記住到底要講什麼。你幫別人組織的語言，他只能機械背誦，只有他自己組織的語言，才會自然表達。最終你再做一個總結，這才是一場大家共同協作完成的演講。

最後我說：小米，你要記住，管理不是自己做所有的事情，而是要讓團隊的每個人做自己該做的事情，共同達成結果。

談一談你在學校裡接觸到的團隊合作吧。

我覺得在團隊合作裡，讓每個人做自己該做的事是非常重要的。如果不這樣，首先就會對自己造成困擾。如果你幫其他人，相當於一個人做了三、四倍作業，這會讓你很晚才能睡覺，那自己的作業怎麼辦呢？其次是到學校之後會發現，你做出來的東西不合他們的「胃口」，其他人都不聽你的。然後這幾份作業就白做了，有點吃力不討好。所以一開始就讓所有人都參與，才能事半功倍，大家都開心。

35 用行動說話
—— 想到、說到、做到

有天晚上，媽媽對小米說：小米，你該去做這件事了。

小米說：知道了，知道了。

媽媽又說：知道有什麼用，要做到才行。

小米很不耐煩：我知道了呀。

第二天早上，我跟小米說，我們聊聊「想到、說到、做到」。

「想到」是什麼意思呢？我覺得應該去做一件事，在心裡答應了自己，是對自己的承諾。那麼「說到」呢？

小米說：「說到」是對別人的承諾。

非常好，我說，「想到」和「說到」其實都是承諾，只不過一個是對自己，一個是對別人。但不管怎麼承諾，都還沒有成為現實。要如何才能變成現實呢？

小米說：一定要「做到」，才能變成一個結果。

我說：對，這就是「想到、說到、做到」三者之間的關係。

先說「想到」和「做到」之間的關係。有個小朋友成績非常好，被老師表揚了，另一個小朋友覺得自己要是認真學習的話，也能考得和他一樣好。

小米在旁邊接過我的話說：要是……

我非常高興，他明白這句話裡的前提。

是的，「要是」只是假設。這個「要是」發生了嗎？沒有。它是你想到的，並沒有做到。只有做到之後，才會產生「學習成績好」這個結果。

又如，有個同學非常勤勞地把教室打掃得很乾淨，另一個同學在一旁想：我也能做到。這個「也能」是什麼？

也是想到，他並沒有做到。

不只小學生，大人的世界亦然，往往把「想到」當成「做到」。「要是」、「也能」這樣的假設，前提都是沒有發生的事。**真正能改變自己、讓自己進步的，一定是做到**。所以，你媽媽問：你做到了嗎？你說：哎呀，我知道了呀。這也只是想到，並不等於做到。想到和做到之間，有一個巨大的鴻溝，需要你跨過去。

那「想到」和「說到」之間的關係呢？

我們剛說，「想到」是對自己的承諾。給自己的承諾，你可能會跟自己商量、和解，想著算了吧，因為一些客觀原因，還是不做了吧。所以，「想到」是可以原諒自己，撤回這個承諾的。

而「說到」就不太一樣了，是給別人的承諾。

例如，你跟別人說，這事包在你身上。這就是「說到」。

幾天後，別人問：「事情做好了嗎？」你說：「哎呀，我實在太忙，還沒做。」、「因為其他事情耽擱了。」、「這事做起來有些難度。」、「我還需要別人幫忙。」、「這事需要他先做我才能做。」……說了很多理由和藉口。

這時候說這些有用嗎？別人只會覺得惱火，你不是說包在你身上嗎？給別人的承諾，你必須得到別人的同意，才能將其撤回。

這和給自己的承諾有非常大的差異。給別人的承諾如果做不到，會影響你在別人心中的信譽，所有的承諾都應該兌現。

因為承諾的信用兌現效應，「說到」離「做到」又近了一步。

這就是「想到、說到、做到」三者之間的關係。**「想到」和「做到」有巨大的鴻溝，「說到」離「做到」近了一步，但最終你都必須做到，才能實現結果，成為一個有信用的人。**

你願意和「說得漂亮」還是和「做得漂亮」的人做朋友？

當然是和「做得漂亮」的人做朋友了。因為「說得漂亮」沒有「做得漂亮」對我的幫助大。例如，我請某個朋友和我一起洗車，他當天下午答應了。但到晚上時，還是只有我一個人在洗車，我會開心嗎？當然不會呀。我更喜歡約了他之後，他就來和我一起洗車，然後我們倆玩得都開心。

你覺得想到、說到和做到，哪一步對你來說最難？

我認為最難的部分是做到，因為做到需要更多能量。像是如果你要去運動，就需要先吃很多東西，有了能量才能去做，這就比想到要難一些。若能做到，你還需要花費自己的時間，它不像想到和說到這麼快。而且只有你非常願意的事情，才會花費時間去做到，譬如看小說。

36 考砸了怎麼辦

—— 菩薩畏因，眾生畏果

有天早上，送小米上學時，我對他說了一句話，叫作：「菩薩畏因，眾生畏果」。

這是什麼意思呢？菩薩，就是有智慧的人；畏，就是敬畏、畏懼。連起來說，就是有智慧的人害怕原因，而大部分人，即眾生，更害怕結果。

因為結果是原因導致的，是已經發生的……我正打算接著講，小米說，「畏」解釋為害怕，可能有些不對。

我說：對，這裡更準確的意思應該是「敬畏」，是更加重視的意思。我拿小米學校裡的事情做比較：有些同學可能考試成績不好，因此故意把考卷藏起來，不給家長看；有些同學會悄悄把成績改一改；有些同學為了避免成績差，甚至會和幾個同學一起作弊。

他們害怕的是什麼？我問小米。他知道我在講因和果的關係，想了想說：他們害怕的是結果。

我說：對，他們害怕的是結果。但是這個結果已經發生了，試圖直接去改變結果是不可能的。結果只可以被隱藏、被掩蓋，但是不可以被改變。

學習成績好或者不好，是一個結果。考試只是用來驗證學習成績好壞的一個指標而已。改變或隱藏這個指標，並不會影響學習成績不好這個結果，結果是沒有辦法改變的。

眾生害怕結果，就想去改變結果。但是，真正應該思考的是，造成這個結果的原因。

導致成績不好的原因是什麼？

可能是因為學習不努力，學習方法不對，學習效率不高，缺乏學習興趣，學習積極性被打擊，或者是時間沒有花在這門課上……等等。導致結果的原因是多種多樣的。

如果最後分析出來的原因，是對這門課沒興趣，那麼真正要去改變的是，你對這門課的興趣，培養興趣才是最關鍵的。這就是「菩薩畏因」，改變了「因」，結果就會自然發生改變。

英語中，「結果」叫作 consequence，是一個原因帶來的自然而然的結果。所以，真正有智慧的人會去改變原因，而不是去改變結果。

我說：小米，你要記住，以後當你遇到一個不願意接受的結果時，不要想著去掩蓋或逃避，要坦然地接受，因為它是由眾多原因造成的。你要做的是去分析原因，然後改變它。

菩薩畏因，眾生畏果。用勇氣去接受結果，用智慧去改變原因。

跟讀者們聊一聊你對「菩薩畏因，眾生畏果」的理解吧。

我對這個問題的理解就是，比較聰明的人，或者說站在金字塔比較頂端的人，通常都會去改變導致不好結果的原因，但是其他人就想要掩蓋不好的結果。像去上學時，遲到了就會被家長責罵。大多數人會想著要是爸爸媽媽不教訓自己就好了，但更好的選擇，是去改變造成遲到的原因。比如以後多留一些緩衝時間，或者早一點起床，儘量不再遲到，這樣才可以真正改變這件事情。

37

拖到最後再說

—— 勇敢就是面對

一天早上送小米上學，我跟他聊了聊「勇敢」這個話題。為什麼要聊這個話題？因為他在用電腦做程式設計作業的時候，中途悄悄出去玩了一會兒遊戲，他媽媽看他作業做了那麼久還沒完成，就問他剛才在做什麼，為什麼花了這麼長時間，小米就承認自己因為想不出解題的方法，先去遊戲。媽媽不但沒有責備他，反而讚賞他，說勇於承認是非常重要的品德，這個品德比因為玩遊戲而受批評更加重要。

藉此機會，我想跟小米聊一聊「到底什麼叫勇敢」。

我跟他說：**勇敢，就是面對**。小米立刻很調皮地面朝我站立。

我說：是的，這就叫面對。

為什麼勇敢就是面對呢？我舉了個例子，假如我遇到一件很難的事，抓破頭皮也做不出來，於是乎就算了，明天再說。

小米立刻找到了感覺，說他遇過這種情況，像暑假作業好多，算了，等暑假快結束的時候再寫吧。

我說：這就是不願意面對。為什麼？因為那件事做起來很難、很煩。又難又煩的事情，我們總是想能不能把它放在一邊，逃避它，這就是不夠勇敢的表現。真正的勇敢是勇於面對。

小米說：哦，原來是這樣。

我說：我再給你舉個例子，倘若學校裡某個小朋友不喜歡你。

小米自信地說：這個不用擔心。

我說：對，也許你做得還不錯，小朋友都挺喜歡你的。假設某個小朋友不喜歡你，你又特別希望能跟他保持友好關係，那就需要去做一些事情，讓他改變對你的態度，但是你轉念一想，說算了，不喜歡我是他的損失。這就是不勇敢，你找了一個理由逃避這個問題，這是膽小的表現。真正的勇敢是面對，既然你很希望他喜歡你，就應該面對他不喜歡你這件事，並付諸行動，而不是給自己找個理由說算了。

我覺得小米已經理解了我的話，一直在點頭，就是有點不好意思。

他說：也有一種情況是我不喜歡他。

我說：如果你不喜歡他，就不需要去討好他，或者一定讓他喜歡你，這是另外一種特殊情況。我再問你，「面對」的反面是什麼？找反面的目的又是什麼？找反面的目的是，假如以後再遇到這種情況，你會知道原來是自己不夠勇敢。希望你在大腦中安上幾盞黃燈，以後一旦遇到這種情況，就讓黃燈亮起，否則就只是記住了這個概念而已。

我們一起來討論一下「面對」的反面。我先舉個例子，如拖延。拖延的意思就是你剛才說的，等暑假快結束時再做作業。因為不想及時面對，就拖到最後再說。

以後一旦想要拖延，你的腦中就應該亮一盞黃燈，告訴自己這是不勇敢的行為。

還有什麼呢？例如辯解，當然辯解分兩種情況：一種情況是你是對的，另一種情況是你明知道自己不對，卻一定要逞強瞎掰。後者也是一種不勇敢的行為，因為你希望逃避這件事，巧言辯解，以此來證明自己沒錯。

與之對應的還有一個，就是否定。否定別人優秀的地方，也是不勇敢的表現，因為你不願意承認別人的優秀，否則你就必須面對別人很優秀，自己不如他的落差感。

當然，還有撒謊。撒謊的話，你就不需要讓別人知道真實情況如何，也不需要面對別人知道真相的情景。以上這些都是不願面對的情況。小米，你有什麼別的想法嗎？

小米想了想說：還有沉默。不願意面對的時候，選擇沉默不語，不否認，不同意，也不撒謊。沉默也是一種不勇敢行為，其本質是一種對抗。

我說：小米，你能明白真是太好了。記住，勇敢就是面對。

你覺得自己做到了「勇敢就是面對」嗎？

這個太難了。媽媽跟我說過勇敢是要用一輩子去練習的，我現在還不會也算正常，哈哈。我自己沒有那麼勇敢，因為我每次被揭穿後，還是會想要去掩蓋一下，所以很不勇敢，但我也是個普通孩子呀，大家有時候都會這樣。

38 沒有人富有到可以不要別人的幫助——助人即助己

「幫別人就是幫自己」，這句話聽起來雖然有點自私自利，但我希望小米能夠藉此理解「感恩」的本質。我對小米說：媽媽幫了你之後，你要說謝謝。別人想幫助你卻沒幫成，你也要誠懇地表達感激。你知道為什麼爸爸一直跟你說要懂得感恩嗎？他說不知道，沒思考過這個問題。

我說：感恩的本質，就是建立一個「幫別人就是幫自己」的合作體系。感恩從哪裡來？很多人覺得感恩是與生俱來的，其實不是。

你小時候拿到一件東西後，會緊緊抓在手裡，不給別人玩；別人幫助你，你也覺得理所當然。可見感恩不是天性，而是後天學習的。感恩是一個可以幫助自己的重要品德，所以爸爸花了很多時間教你感恩。

我們為什麼要感恩呢？你得到幫助後，說一聲「謝謝」，表達自己的感激，甚至送對方一個小禮物，這些可以讓他感受到一點回報。得到回報後，下一次他還會繼續幫助你。你會發現，感恩就是幫自己贏得再次被幫助的機會。未來你會和很多人打交道，那時，對每一個幫助你的人，你都應該表達真誠的感謝，並且花更大的功夫去幫助別人，這樣才會有源源不斷的人來幫助你。

幫別人就是幫自己。也不是一定要等到別人幫助你之後，你才去感謝或回報別人，而是要利用一切可能性，主動幫助別人。倘若平時你有什麼可以幫助到老師、同學、家人或其他小朋友的，就盡一切可能去幫助他們。

不要覺得幫助別人，自己就損失了，或者因為別人沒有回報而感到委屈。對方是否給你提供幫助、回報或向你表達感謝，這些都不重要。因為總有一天，在你需要幫助的時候，那些你曾幫助過的人最終會來幫助你，久而久之，你會收穫一個巨大的朋友圈。

在今天這樣一個協作化社會，感恩已經變成了一個小到群體、大到人類社會的基本合作方式。因為感恩，你會主動幫助別人，別人也會幫助你。不懂得感恩的人，最終受傷的還是他自己。不過，不要因為他人的冷漠，而傷害了你幫別人的初心，大多數人還是懂得感恩與回報的。

只要記住一句話：幫別人就是幫自己，一直做下去，就會得到長久的回報。

你對「助人即助己」的理解程度如何？

我認為幫助別人，別人會欠你人情，這就相當於給自己留了一筆儲蓄，當你以後有困難的時候，他也會來幫助你。這樣的事情做得越多，你以後有困難的時候，就會越輕鬆，是一個很好的循環。你一直幫助別人，不僅可以建立很好的關係網，別人也可以得到幫助，這是一件雙贏的事。

39 同理心是元能力

—— 知人者智

小學四年級時，小米已經開始有越來越廣的社交了，要跟父母、親人之外的朋友、同學、老師等打交道。

大部分孩子在跟父母打交道的時候，父母通常扮演著照顧、妥協、順從的角色，這樣很容易讓孩子喪失一種能力，即知人，甚至會導致另一種能力——自知的缺失。我們常說，知人者智，自知者明。缺失這兩種能力，後果很嚴重。

什麼是知人者智？當一個人能夠理解別人時，這個人就會擁有真正的智慧。有人稱之為「情商高」。

我對小米說：你還記得《5 分鐘商學院》裡講過的「同理心」嗎？同理心是一切能力的起點。

話音未落，頓覺不妥，馬上糾正說：不對，應該是很多能力的共同起點。我跟小米講話的時候，非常注意自己的措辭。當我說「一切能力」的時候，就犯了一個錯誤，因為它不是放之四海而皆準的。在教育孩子的時候，有錯就馬上改，我認為很重要。

我繼續說：很多能力都是從「同理心」這個元能力上演化而來的，如演講能力、職業化能力、銷售能力。

小米問：什麼叫元能力？

我舉了個例子：像你前兩天參加的大隊長競選演講，你知道競選演講的目的是什麼嗎？

小米想了想說：讓大家接受我和我的觀點？

我說：很好。所以你演講的目的，是為了改變大家對你的看法。那目的不應該是什麼？

他疑惑地望著我。

我笑著說：目的不應該是自顧自地表達。

一個人在演講，聽眾一開始還聚精會神地聽，後來實在聽不下去了，但又不好意思，就假裝在聽。過一會兒，連假裝也做不到了，索性拿出手機來玩，或者眼神游離，神情茫然。這個時候，在台上演講的人，就要明白聽眾內心在想什麼。

有同理心的演講者，會想聽眾可能遇到了什麼問題，例如不理解或跟不上。而沒有同理心的演講者，可能會以自我為中心，要嘛想：你們這些人怎麼不尊重我？我演講的時候居然在玩手機！這群人水準真差，不配聽我演講。要嘛責怪會場負責人：我在講的時候，為什麼不維持好秩序？為什麼不把手機沒收？也許過一段時間，等他們水準提高了，就能聽懂了。他始終想的是自己，站在自己的角度思考問題。

當你進行大隊長競選演講時，目的是讓別人接受你的觀點，所以必須要關注同學們的反應，如他們是怎麼理解競選大隊長這件事的，他們是否理解你的意思了，要不要跟他們互動，為什麼同學開始和旁邊人講話了……這就叫同理心。

一個特別有表達慾的人，是無法掌控演講的，因為他只關注自己。真正會演講的人，一定會時刻關注別人，這就是同理心。你現在明白同理心為什麼被稱為元能力了吧？

小米點了點頭。

再一個例子，兩個人明明是好朋友，卻因為矛盾而爭吵，甚至打起來，為什麼呢？因為他們只關注自己的情緒，沒有顧及對方的情緒。如果他能夠理解對方的情緒及其背後的原因，也許就不會發生爭吵甚至打架了。所以，與他人良好溝通的能力，也來自同理心。

我問小米：你說說看，還有什麼能力來自同理心呢？

他想了想說：管理能力。

不錯。跟員工溝通，本質上也需要有同理心。作為領導者，不能一直和員工說我必須要這個結果，你怎麼努力不重要，重要的是我一定要達成業績。這樣的溝通其實很傷人，因為你不知道他的業績沒有完成，是主觀原因還是客觀原因。如果確實是客觀原因，我們應該鼓勵他，理解他。**激發善意才是管理的本質**。那麼，還有嗎？

他想了想說：談判能力。

是的，談判能力更需要同理心。當你能夠洞察別人真正想要的東西時，就會發現談判會變得容易多了。當然，同理心的表現形式還有很多。**要成為一個有智慧的人，需要具備一項基礎能力，即同理心。同理心不是同情，同情是你覺得別人可憐而幫助他，他處於相對弱勢的一方**。同理心是對所有人都有效的一種能力，如客戶、競爭對手、員工、合作夥伴……理解他們在想什麼，他們為什麼這麼想。學會用理性去理解別人在想什麼，就叫作知人者智。

對於「知人者智」這個話題，你有什麼想和大家分享的呢？

我先爆個自己的黑料吧，我三年級的時候去競選大隊長，當時還不知道什麼是同理心。結果我就對著麥克風哇啦哇啦一直講，根本沒有去看下面的人，也無任何互動，更不知道別人想要聽什麼。後來有人反映這件事情給我，當時我還很自豪，覺得那是自己不緊張的表現。最終當然沒有選上，然後我才知道這是同理心不夠的原因，之後想努力提升這方面的能力。

你覺得同理心重要嗎？

我認為同理心是非常重要的，就像我剛剛舉的例子一樣，大家連我演講的內容都不想聽，就更談不上認同了。如果你沒有同理心地去說同學的「壞話」，他們就很可能暴怒，說不定會跑過來揍你。具有同理心的一種表現，就是察言觀色，看懂別人的臉色或者表情。我以前經常會把你和媽媽的玩笑當真，尤其是生氣之後說不要我了，我當時就很害怕。後來才知道察言觀色很重要，所以你們再說氣話時，我都會去看臉色。小朋友如果聽到爸爸媽媽說不要你們了也不用害怕，他們是不可能不要你的，你還是會有冰淇淋吃的，哈哈。

40 時刻照「鏡子」

—— 自知者明

上學路上，我問小米：你感覺從綜合素質來說，你在班級裡大概處於什麼位置？

小米認真想了一下，可能覺得這個問題裡面有「坑」，猶豫著說：中等偏上，綜合素質應該算是前十吧。

我問：那如果把班上的同學都問一遍呢？他們會怎麼說？

小米說：他們……大部分應該都覺得自己挺好的。

我說：有意思。一個班級，所有人都實力相當，這可能嗎？假設我們在家裡做調查，統計家庭成員一天做家務的占比情況，就是媽媽、爸爸、外公、外婆和你分別做了多少家務，你覺得大家會怎麼說？

小米想了想，說：外婆應該會說自己做了80%。

我問：媽媽呢？

小米說：媽媽可能覺得自己做了50%或者40%。

我問：你呢？

小米特別謙虛：我就做了1%。

我問：那爸爸呢？

小米說：爸爸可能說自己做了10%。

我說：是的。這時，你會發現一個有趣的情況。80%、40%、10%、1%，加在一起是多少？131%。每個人都覺得自己的貢獻很大，但一定有人高估了自己。所以，很多人對自己沒有一個清晰的認識。

著名商業諮詢師馬歇爾．葛史密斯（Marshall Goldsmith），在某個醫學院的畢業典禮上講過一句話：「我很嚴肅地告訴大家，調查資料顯示，你們這一批畢業生中間，有一半人沒有達到平均水準。」

當時馬上有一個學生跳起來說：「這怎麼可能？這絕對不可能！」其實，不用調查，就可以得出這個必然正確的結論。如果對比 100 個學生的成績，並設置一條基準線，一定有 50 個人在平均線以下。這是由「平均」這個詞定義的，不需要調研。

為什麼講完這句話，會有學生跳出來反駁，不願承認呢？因為很多人高估了自己的水準。而在遇到困難時，很多人又低估了自己的水準。

像一旦遇到挑戰，有的人就開始自我懷疑，覺得自己不行，而一旦說到貢獻，就爭先恐後地說自己能力強、付出多、發揮主要作用。所以，對一個人來說，擁有不偏不倚的自我認知，是特別困難的事。

小米，你還記得之前我告訴你的「周哈里窗」（Johari Window）理論嗎？這個理論說，每個人的自我都有四部分：公開的自我，也就是透明真實的自我，這部分自己很了解，別人也很了解；盲目的自我，別人看得很清楚，自己卻不了解；祕密的自我，是自己了解但別人不了解的部分；未知的自我，是別人和自己都不了解的潛在部分，透過一些契機可以激發出來。

那麼，一個人想擁有不偏不倚的自我認知，最應該探索的是什麼呢？**首先是探索別人知道而自己不知道的東西。這時，你需要三面鏡子：**

第一面鏡子，是真實的鏡子。上次大隊長競選時，我建議你提議在學校放一面正衣冠的鏡子。以銅為鑑，可以正衣冠，知道自己穿得是否整齊。鏡子能幫助你看見一些其實很明顯，但自己看不見的東西。

第二面鏡子，是以他人為鏡。當你做一些事情，別人對你的評價其實就是鏡子，可以稱之為回饋。要多聽別人的回饋，把它當作珍貴的禮物。

第三面鏡子，是以史為鏡。你需要多讀書，撥開歷史的面紗，學習東西方古人先賢的觀點。

所謂「自知者明」，最重要的是時刻照鏡子，勿使惹塵埃。透過照鏡子，你會漸漸變得透澈、明亮。

你和你的小夥伴，是如何看待自知之明這件事的？

我們班裡的同學，基本上都很有自知之明，像大家都知道自己的每個學科處在什麼水準、體能上能不能跑得過別人。如果有自我評價，很多同學會選擇自己是中等或者下等水準。有些同學可能成績不太好，可是在別的方面還是很厲害的，例如他們的社交能力很強，或者很會拉提琴，這些也是「自知之明」的一部分，應該被正確認知。還有他們打遊戲的水準也很高，哈哈。當然啦，我的好多科目都是A，所以我不能選中等。

你覺得一個人擁有自知之明以後還會勇於嘗試嗎？如果他失敗了你會怎麼看他？

我覺得會啊，自知之明和這個人勇不勇敢是沒有什麼關係的。而且我覺得在小學階段，其實也根本沒有什麼可失敗的，哈哈哈。如果一個人真的嘗試了特別難的事情，結果失敗了，那我覺得他還是很勇敢的。至少他可以增強自己的自知，更加清楚地知道自己的界限在哪裡。他以後還可以繼續嘗試，看什麼時候能夠超越以前，對這樣的人我們應該多多鼓勵。

寫在最後

我們的對話快結束了，談一談你的整體感受吧。

總結一下就是這本書越到後面對我越友好，前面就是在揭發我的各種缺點，哈哈。後面越來越邏輯化，所以我比較喜歡。

爸爸這幾年在上學路上，斷斷續續跟你討論的這些內容，對你有幫助嗎？

我覺得非常有幫助。首先，爸爸一直都和我溝通，

所以我現在就不會特別害怕和大人講話了。我有許多同學，他們都非常畏懼自己的爸媽。而我挺喜歡去聽一些大人之間的交談，然後就比較知道大家現在都在關心什麼事情。媽媽說我比以前成熟了，思想程度也比同年齡層要深一些，這一點我很開心，也很有成就感。

那你對讀者中的爸爸媽媽們，有什麼想要說的嗎？你希望他們怎麼對待自己的孩子？

你們的孩子其實是懂很多知識的！我最想對爸爸媽媽們說這個了，哈哈。然後孩子們也很想知道更多東西，大家都非常有求知欲的。但是不能太緊迫盯人，否則他們就會害怕這種交流，把我們當成小大人一樣平等地說話就行了。

那你想跟小朋友們說些什麼呢？

我想對小朋友們說，不要害怕你們的爸爸媽媽呀！爸爸媽媽有什麼好怕的呢？你是他們的孩子，他們是不會捨得拳打腳踢的，哈哈。我認為孩子應該多問一些問題，這會讓你們對這個世界有更多的認知。很多東西你覺得已經知道了，但是爸爸媽媽的思維通常會更有深度，有時候會讓你感到非常吃驚，居然還能這麼想事情。

交流的次數多了以後就會非常喜歡這種感覺，和爸爸媽媽討論東西是會上癮的。還有，就是小朋友們可以把成功的目標訂得更好玩一點，把你喜歡的東西作為目標。譬如我喜歡吃冰淇淋，所以我認為的成功，就是長大以後可以做到自由自在吃冰淇淋。

最後，謝謝大家這麼耐心地讀完這本書，真的好長呀。這本書主要就是記錄我一到三年級期間，和爸爸的一些討論，三年之後，爸爸又把它翻出來做了提問。現在我們倆還會不時進行一些交流。我在聽大人說話的時候，經常會注意到一些新奇的東西，然後就開始問爸爸，爸爸也會找機會跟我講講。不過現在交流的東西會更深一點，但沒有記錄在這本書裡，如果有機會的話，希望可以跟大家繼續分享。

後記

陪小米走戈壁，給他五個最寶貴的感悟

2019年十一假期，我陪兒子小米走完了戈壁。4天88公里，荒無人煙。慶功會上，每個家長要給自己走完戈壁的孩子寫一封信，我也寫了。

小米：

再過幾天，你就11歲了，屬於你的美好正在逐漸盛開。父母是你這朵生命之花的土壤，而你自己才是它的全部。我和你的媽媽在想，我們能為你提供什麼樣的養分？

我想，那不是金錢，不是玩具，不是籃球、書籍，甚至不是旅行，而是真正滋養你一生的財富，我認為最寶貴的幾樣東西。

好奇心

你能擁有的一切都源於探索，而探索的動力源於好奇。

「這是什麼」、「那是什麼」、「為什麼是這樣」、「為什麼不能那樣」，在你身上看到的好奇心，是最令我欣慰的，也是我不惜一切代價保護的你最大的財富。

好奇心源自對「知識缺口」的敏感、填補缺口的強大動力和填補帶來的巨大成就感。例如：為什麼印加人只有語言沒有文字？

驅動你進步的不是我們，而是好奇心。你是一個好奇心極度旺盛的孩子。

同理心

當你的朋友越來越多，身邊不僅有父母、師長，還有隊友、同學、旅伴，甚至敵人的時候；當你與這個世界交流的邊界越來越寬，接觸程度越來越深的時候；你需要理解，他人為什麼反對你？為什麼支持你？為什麼他看上去這麼友善，而他看上去那麼不可理喻？你所能接觸並與之交流的人群之廣度和深度，決定了你能在這個社會中獲得的高度和深度。同理心是這一切的基礎。

「他為什麼這麼做？」這個簡單的同理心問題，讓你面對委屈時不會紅眼睛，面對挑釁時不會紅脖子。多問自己這個問題，長大以後會發現，溝通能力、管理能力、談判能力、演講能力，以及組建自己的家庭，都源自這種能力。

平常心

小米，我想告訴你一件很多大人都未必明白的事情：幸福是一種能力，它源自平常心。當你有 100 元時，你想，能有 1,000 元就好了；當你有 1,000 元時，你想，能有 10,000 元就好了，這樣的人永遠感受不到幸福和快樂。

父母給你的是愛，可是幸福只有你自己才能獲得。怎麼獲得？

有 100 元時能享受 100 元的快樂，有 1,000 元時能享受 1,000 元的快樂，有 10,000 元時能享受 10,000 元的快樂。玩泥巴有玩泥巴的快樂，打遊戲有打遊戲的快樂，有平常心的人在任何事物中，都能感受到幸福和快樂。

有時我們會帶你去南極，享受欣賞壯美景色的快樂；有時我們會帶你走戈壁，感受戰勝痛苦的快樂。快樂，是任何人都給不了你的，它的唯一來源是你的平常心。

我們希望你有所成，但更希望你永遠開心、快樂、幸福。

自驅力

「主動」是一個神奇的詞。當進步來自外在壓力的時候，你的進步會隨著壓力消失而停止；當進步來自內在動力的時候，你的進步是永不停止的。這種內在的動力就是「主動」，就是「自驅力」。

你在玩遊戲的時候，會看到神仙和魔鬼：神仙幫助人，魔鬼傷害人。為什麼？

因為神仙需要從人的「熱愛」中獲得能量，而魔鬼需要從人的「恐懼」中獲得能量。恐懼讓人逃離，熱愛讓人努力。

我希望能幫你建立自驅力，或者幫你找到你「熱愛」的東西，讓「熱愛」幫你建立自驅力。你熱愛的東西可以和父母不同，但只要你找到了，幫助自己進步的接力棒，就交到了你自己手中。

意志力

終於說到為什麼要陪你走戈壁。

在最開始，有很多人反對，但我們希望讓戈壁之行幫助你鍛鍊「意志力」。因為只有在極度的困難中，意志力才會被激發。

未來，你在生活、學習、工作中會遇到很多的挑戰。戰勝它們需要強大的意志力。我們在你身旁時，會幫你打氣；我們不在你身旁時，希望能在你心中種下並生根發芽的意志力，可以幫你打氣。「再堅持一下，我可以的」，希望這樣的聲音，能時常在你耳邊響起。

自驅力讓你走得更快，意志力讓你走得更遠。父母是土壤，你是在土壤上開出的花。土壤能給你的滋養是什麼？我想了很久，就是這「三心兩力」。

以什麼樣的姿態盛開是你的選擇，我們都會開心，會為你鼓掌。希望這「三心兩力」，可以支持你肆意怒放。

戈壁對 11 歲的你來說是一個挑戰，但是相比精彩而富有挑戰的人生，這可能不算什麼。我們陪你完成戈壁這個挑戰，還會陪你完成下一個挑戰、再下一個，直到你可以帶著這「三心兩力」獨自奔跑。

當我們再也追不上你時，我們會在後面給你加油。

2019 年 10 月於戈壁

國家圖書館出版品預行編目資料

給孩子的商業啟蒙 / 劉潤、劉小米 . -- 初版 . -- 新北市：幸福文化出版社出版：遠足文化事業股份有限公司發行，2023.05
面； 公分
ISBN 978-626-7184-21-9(平裝)
1.CST: 商業管理 2.CST: 親職教育 3.CST: 通俗作品

494.1 111012989

富能量 037

給孩子的商業啟蒙

作　　者：劉潤、劉小米
責任編輯：林麗文
校對協力：羅煥耿
封面設計：BIANCO TSAI
內文設計：王氏研創藝術有限公司

總 編 輯：林麗文
副 總 編：梁淑玲、黃佳燕
主　　編：高佩琳、賴秉薇、蕭歆儀
行銷總監：祝子慧
行銷企畫：林彥伶、朱妍靜

社　　長：郭重興
發 行 人：曾大福
出　　版：幸福文化／遠足文化事業股份有限公司
地　　址：231 新北市新店區民權路 108-1 號 8 樓
網　　址：https://www.facebook.com/happinessbookrep/
電　　話：（02）2218-1417
傳　　真：（02）2218-8057

發　　行：遠足文化事業股份有限公司
地　　址：231 新北市新店區民權路 108-2 號 9 樓
電　　話：（02）2218-1417
傳　　真：（02）2218-1142
電　　郵：service@bookrep.com.tw
郵撥帳號：19504465
客服電話：0800-221-029
網　　址：www.bookrep.com.tw

法律顧問：華洋法律事務所　蘇文生律師
印　　刷：通南印刷有限公司
電　　話：（02）2221-3532
初版一刷：2023 年 05 月
定　　價：400 元

9786267184219(平裝)
9786267184257 (PDF)
9786267184240 (EPUB)